40 款 奶 油 霜 花 型 ╳ 40 種 組 合 設 計 ＝ 蛋 糕 工 藝 全 面 進 化

BUTTER CREAM
FLOWER

正統|韓式擠花裝飾技法聖經

올리케이크의 버터크림 플라워

宋慧賢 (송혜현) ———— 著　鄭世權 (정세권) ———— 攝影　尹嘉玄 ————譯

在美味的蛋糕表面，以鮮嫩欲滴的花朵裝飾。

作者　宋慧賢（송혜현）

　　韓國知名擠花蛋糕工作室 Ollicake 經營者、擠花教學老師。製作的蛋糕因獨特優雅的唯美風格，而被譽為「仙女吃的蛋糕」。

　　視覺設計系畢業後，曾擔任網頁設計師八年。並師事於日籍廚師與那國進（Susumu Yonaguni）以及其妻吳靜美（오정미），學習料理烹飪、食物造型。因緣際會下接觸到擠花蛋糕，自此便著迷於鑽研擠花手藝，無法自拔，一腳踏進擠花蛋糕領域。每每想到擠花蛋糕，就會感到無比幸福。二〇〇八年，和已有十五年攝影資歷的丈夫鄭世權共同創立蛋糕工作室，並且定期開設擠花課程，傳授自己多年來的心得、技術與相關知識、技巧。

　　不論在技術或裝飾美感方面，都深受各界人士的推崇，被視為開拓韓式擠花蛋糕領域的先驅。

攝影　鄭世權（정세권）

　　從事攝影工作，並與妻子一起經營蛋糕工作室之外，也不斷進修烘焙技術。開設擠花課程的目標，是希望能為「想起擠花就感到幸福」的人們，帶來不同於與其他課程更特殊的感受，同時致力研發韓式奶油霜擠花的新樣貌。

關於 Ollicake：

Instagram　https://www.instagram.com/ollicake
部落格　http://www.ollicake.com
Facebook 專頁　https://www.facebook.com/ollicake

✻

譯者　尹嘉玄（윤가현）

　　韓國華僑，國立政治大學傳播學院畢業。曾任遊戲公司韓籍主管隨行翻譯、出版社韓文編輯。現為書籍專職譯者，譯作涵蓋各領域。

　　懇請賜教：gahyun0716@gmail.com

傳遞夢想與幸福的蛋糕

——

早期我學過料理，記得當時老師對我說：「只要持續做十年，妳就會成功。」

雖然老師是我至今都由衷敬佩著的榜樣，但是那時我並不同意他所說的這句話，也無法體會箇中道理，甚至納悶，「如果這是通往成功的路徑，那麼豈不是人人都能成功？」

事隔多年，如今回想，要持續做一件事情十年，其實並不容易。除了要培養自身實力，也得抱著持之以恆、努力不懈的精神，甚至需要堅忍不拔的意志力和體力，以克服重重困難與挑戰。而往往愈是大家認為微不足道、任何人都能達成的容易之事，反倒愈不容易做得長久——擠花蛋糕就是其中之一。

起初，我只是覺得這樣的蛋糕非常吸引人，美麗又精緻，單純當作興趣才去接觸的。沒想到愈做愈喜歡，也愈做愈上手。當時將近有半年左右，我都沉迷於製作擠花蛋糕。每完成一份作品，就會送給身邊的親朋好友。由於擠花過程實在太有趣，我的雙手幾乎無時無刻都在擠花，也因此迅速累積自身的擠花功力。漸漸地，我做出來的花朵愈來愈細緻，不論是花體

本身還是花環組合、花瓣色彩等，都慢慢培養出自己的風格。因為感到有趣，我不斷練習，技巧自然日益精湛，對此也就更加著迷。後來有人說想買我做的擠花蛋糕，於是決定開一間店來專門販售，爾後，又有愈來愈多人說要向我學習擠花技術，才開班教學授課。

兩、三年後，我給自己設定了一個目標，決定按照過去老師的教誨，期許自己也能做滿十年，成為擠花蛋糕專家。但比起「只要持續十年就會成功」，我則認為，光是對一件事堅持十年，這本身就已經是一種成功。只要十年後仍像現在這樣，享受在蛋糕上擠花的樂趣，就別無所求。

通常把興趣當工作的人，時間一久，往往會變得無法像最初一樣樂在其中。我一直很不希望自己面臨這麼一天，因此決定不論是做擠花蛋糕或是開班授課，都要使自己維持在依舊能感到有趣的程度，不過分貪心，不追求數量，否則很快就會厭倦、疲乏，必須努力持續熱愛這份工作（同時也是興趣）才可以。

隨著擠花蛋糕受歡迎的程度日漸水漲船高，想學習製作擠花蛋糕的人也愈來愈

多，我的生活重心曾經因而失衡。多虧有先生在我身旁一路相伴，我們決定調整心態重新出發，並設定好理想中的成功定義，甚至是我們認為通往幸福的首要條件：可以全心投入工作，可是要樂在其中，不過度貪心。當然，我們還是預留一些變通的可能。不過截至今日，我們一直努力遵守這項原則，生活步調便再也沒有被打亂過。

值得慶幸的是，現在每天早晨出門上班，仍然滿心期待。休假出國旅遊時，會想念工作室。上課看著學生們專注擠花的模樣，自己也會手癢，躍躍欲試。這些，在在證明了我對擠花蛋糕的熱情未減。

如果一開始的目標是把這件事做滿十年，那麼，十年內出一本自己的書，則是我當時的心願。出一本可以與他人分享我所喜愛之事，對擠花蛋糕有興趣的人會想收藏的那種好書。回首過往，好像從未有

過一件事令我如此滿腔熱血，竭盡所能地投入。所以很希望有一天，能把我真心喜愛，令我感到幸福的事情留下紀錄。也許的確是時候該把我長年累月研究出的心得技巧分享給大家了，期許這本書和擠花蛋糕可以為各位帶來夢想與幸福。

最後，我要感謝讓我夢想成真的 B&C WORLD 出版社，以及從基礎開始傳授我許多擠花技巧的惠爾通蛋糕裝飾學校的金秀晶（김수정）老師，還有在我選擇決定走上這條路之後，一直都是我精神導師的與那國進（Susumu Yonaguni）老師和吳靜美（오정미）老師。最後的最後，我想要對賦予我一雙巧手、樂觀天性和無窮體力的父母，以及世上最完美的伴侶——我的先生，致上最深謝意。

❀ Ollicake 宋慧賢 송혜현

正統韓式擠花裝飾技法聖經

CONTENTS

目錄

———————

銀蓮花·42
Anemone

櫻花·46
Cherry Blossom

山茱萸·50
Dogwood

雛菊·54
Daisy

香雪蘭·58
Freesia

艷果金絲桃·62
Hyperycum

大波斯菊·66
Cosmos

三色菫·70
Pansy

覆盆子·74
Raspberry

皺褶玫瑰·78
Ruffle Rose

菊花·82
Chrysanthemum

紅山茶花·86
Camellia

牡丹 · 92
Peony

蝴蝶蘭 · 96
Orchid

木蓮花 · 100
Magnolia

雞蛋花 · 104
Frangipani

八重櫻 · 108
Donarium Cherry

繡球菊 · 112
Pompon Chrysanthemum

陸蓮花 · 116
Ranunculus

蓮花 · 120
Lotus Flower

扶桑花 · 124
Hibiscus

百日紅 · 128
Zinnia

蠟菊 · 132
Helichrysum

聖誕玫瑰 · 136
Helleborus

聖誕紅 · 140
Poinsettia

松果 · 144
Pine Cone

西洋松蟲草 · 150
Scabiosa

英國玫瑰 · 154
English Rose

水仙 · 158
Narcissus Flower

百合 · 162
Lily

繡球花 · 166
Hydrangea

大理花 · 170
Dahlia

康乃馨 · 174
Carnation

鬱金香 · 178
Tulip

海芋 · 182
Calla

梔子花 · 186
Gardenia

罌粟花 · 190
Opium Poppy

向日葵 · 194
Sunflower

海神花 · 198
Protea

多肉植物 · 202
Succulent plant

BASICS
基礎知識

什麼是奶油霜擠花蛋糕？

奶油霜擠花蛋糕，顧名思義就是以奶油霜為材料，擠成花朵形狀，用於裝飾蛋糕的一種工藝。雖然早在很久以前就已有人使用奶油霜進行蛋糕裝飾，但是直到二十世紀初，美國惠爾通公司開設了擠花課程，傳授運用擠花袋與花嘴裝飾蛋糕的技術，並且生產及販售相關工具後，今日的擠花蛋糕才開始廣為人知。在一九八〇年代，韓國的蛋糕店裡還可以看見許多來自日本的奶油霜裝飾蛋糕。然而隨著時代變遷，蛋糕設計的流行趨勢也日新月異，需要投入長時間與技術的傳統華麗奶油霜蛋糕逐漸沒落、乏人問津，取而代之備受歡迎的，是以鮮奶油製成的慕斯蛋糕。

然而，近一兩年奶油霜再度受到關注。尤其是重新登場的奶油霜擠花蛋糕，由於製作出來的花朵更加精細，可以擠出的效果更變化多端且外型精緻，再加上各種組合方式，已能夠打造出有別於以往，更逼真的生動感。

奶油霜擠花蛋糕不僅能藉由食用色素創造出豐富多樣的色彩，還能不受季節氣候影響，隨心情選定讓哪一種花朵盛開於蛋糕表面。就連現實生活中不存在的花朵也可以自行創造，這也是不同於鮮花的魅力所在。除此之外，擠花蛋糕更是廣受好評的送禮首選商品。不僅能使收禮者感覺宛如收到一束鮮花般的喜悅，還能享受吃蛋糕的樂趣。

不可諱言，隨著韓國的精美奶油霜擠花愈來愈受矚目，也開拓出所謂「韓式擠花蛋糕」的新風格。

奶油霜擠花蛋糕不僅屬於蛋糕烘培範疇，同時也是花卉設計。儘管它並非以鮮花來裝飾，但是在設計組合時，同樣需要用上鮮花花束或者花環設計的美感與技巧。因此，如果想精進自己的擠花實力，不妨多研究鮮花設計的要訣，相信會有莫大幫助。最後提醒各位的一點是，不論外型裝飾得多麼華麗，也別忘記擠花蛋糕的本質是食物，切記不要為了追求視覺上的美感，而在蛋糕上裝飾過量的奶油花，吃起來反而令人覺得膩口有負擔。

—

工具與材料

以下是擠花時需準備的基本工具與材料。正式進入奶油霜擠花前,不妨先了解一下各種工具、材料的名稱和用途。

1. **碗、小盆**（Mini Bowl）
   為奶油霜調色時用來盛裝拌勻。和底板一樣使用白色款更能夠準確調色。

2. **食用色膏**（Icing Colors）
   膏狀的食用色素是用於奶油霜的調色，使用前記得先確認保存期限。

3. **花釘座**（Flower Nail Holder）
   用來插放花釘的底座。

4. **花嘴**（Decorating Tips）
   用於將奶油霜擠成各種形態，以不同編號區分形狀與尺寸大小。

5. **花嘴轉換器**（Coupler）
   套在擠花袋口，便於更換不同型號的花嘴。

6. **花釘**（Flower Nail）
   擠花時作為托墊。如果沾上濕氣容易生鏽，使用完畢記得馬上清洗，然後擦乾保管。

7. **花嘴刷**（Brush）
   用於清洗花嘴內緣。

8. **擠花剪**（Flower Scissors）
   挪移花釘上的花朵成品，或者在蛋糕表面進行擠花組合時使用。

9. **矽膠刮刀**（Silicon Spatula）
   攪拌奶油霜或者調色時使用。

10. **底板**（Sheet Board）
    用來放置擠好的花朵成品。最好使用白色，才能夠清楚辨認花朵顏色。尺寸挑選約兩張A4紙的大小為佳。

11. **色膏抹刀**（Painting Knife）
    挖取色膏時使用，建議挑選刀片扁平修長、富有彈性的不銹鋼材質為佳。

12. **修角抹刀**（Angle Spatula）
    將奶油霜均勻塗抹於蛋糕表面，或者刮除整理底板上的奶油時使用。

13. **擠花袋**（Piping Bag）
    盛裝調色完成的奶油霜並擠出花朵。一般來說，以14吋大小最為合適。

14. **棉手套**（Cotton Gloves）
    套在握擠花袋的那隻手，防止手心溫度使奶油霜過快融化。

胡蘿蔔蛋糕製作

奶油霜擠花蛋糕的蛋糕體,建議選用像胡蘿蔔蛋糕這類組織較紮實的款式。要是在一般像海綿蛋糕那樣柔軟蓬鬆的蛋糕上進行擠花組合,花朵數量一旦超出負荷,蛋糕體很容易就坍塌凹陷。

材料

雞蛋 3 顆、黑糖 1/2 杯、鹽 1/2 杯、食用油 1/2 杯、
中筋麵粉 1 又 2/3 杯、肉桂粉 1 小匙、
泡打粉 1 小匙、胡蘿蔔 180 克、葡萄乾 1/2 杯、
核桃仁 1 杯、蔓越莓乾 1 大匙、鳳梨 2 片

工具

不鏽鋼盆、手持攪拌器、飯勺、
圓形烤模（直徑 15 公分）2 個、烤盤紙

1. 在不鏽鋼盆中打入雞蛋,用手持攪拌器將雞蛋打散。

2. 將黑糖、鹽加入鋼盆中,充分拌勻。

3. 倒入食用油，約略攪拌均勻即可。

4. 中筋麵粉、肉桂粉、蘇打粉過篩，倒入鋼盆中，用飯勺充分混合。

5. 分別將切碎的胡蘿蔔、核桃仁、葡萄乾、蔓越莓乾、鳳梨放入鋼盆中，混合拌勻。

6. 攪拌到舉起飯勺時，麵糊會重重往下掉落的狀態即可。

7. 在鋪好烤盤紙的2個圓形烤模中，分別倒入2/3麵糊及1/3麵糊。

8. 放進預熱至170℃的烤箱中，烤55分鐘。

奶油霜製作

擠花蛋糕的奶油霜分三種：法式蛋白霜、瑞士蛋白霜、義式蛋白霜。書中我們所使用的是義式蛋白霜。義式蛋白霜會混入煮滾至120℃的糖漿，具有殺菌效果，保存性佳。除此之外，糖漿還會使蛋白霜變得硬挺，也有助於擠花的形狀更為立體。

材料
水 50 克、白砂糖 180 克、蛋白 143 克、奶油 450 克、香草精 1/2 小匙

工具
小鍋、溫度計、手持攪拌器或直立式攪拌機

1. 在鍋中放入水、白砂糖，要注意鍋子內緣不要沾到砂糖。

2. 糖漿煮到120℃之後，將鍋子從爐台上移開。

3. 以手持攪拌器或直立式攪拌機打發蛋白。將蛋白打到拿起打蛋器時，尾端呈現尖挺立直的狀態，即為硬性發泡。

4. 蛋白打到硬性發泡後，便可將攪拌機減至低速，再把糖漿分次倒入鋼盆，攪拌成義式蛋白霜。

5. 用風扇吹涼義式蛋白霜，同時繼續攪拌。

6. 當義式蛋白霜散熱至常溫，再將奶油切塊分批放入攪拌。

7. 依天候狀況加入適量香草精。當奶油塊攪拌至與蛋白霜均勻融合，就算奶油霜還不夠滑順細緻，或稍有氣泡，也要先停止攪拌。

8. 完成的奶油霜。另外要注意的是，奶油霜如果過軟，會不易於擠花。

蛋糕抹面技巧

製作擠花蛋糕前,要先在蛋糕體上均勻塗抹奶油霜,用抹刀整平。塗抹奶油霜時,記得先薄薄塗上一層,然後將蛋糕冰進冰箱30分鐘,這麼做是為了防止蛋糕屑掉落,沾黏在奶油霜上,使奶油霜變得髒亂。由於蛋糕體本身較高,所以側面部分建議分成上下半部塗抹奶油霜,會更為順利。

工具
麵包刀、轉盤、修角抹刀

1. 用麵包刀將烤好的胡蘿蔔蛋糕切成3等分,並將奶油霜塗抹在每一層蛋糕之間,約6～7公釐厚即可。

2. 蛋糕放置在轉盤上,先抹上薄薄一層奶油霜,約是可以透見蛋糕體的程度,然後放入冰箱定型。

3. 在蛋糕表面放上充足的奶油霜,以抹刀整平,使奶油霜稍微超出一點蛋糕體的直徑範圍。

4. 將奶油霜塗抹在蛋糕體側面,右手持抹刀,抹刀的右側刀面貼合固定在蛋糕體側緣呈15度角,以左手旋轉轉盤,調整奶油霜至厚度一致、表面平滑。

5. 將抹刀的左側刀面斜斜地貼著轉盤,再用左手旋轉轉盤,整理蛋糕底部外圍的奶油霜。

6. 利用抹刀將上層表面與側面的奶油霜銜接處整平。

奶油霜調色

食用色素有多種類型，包括液態色素、色粉、膏狀色素、膠狀色素等。本書是以惠爾通的色膏來為奶油霜染色。光是具備基本十二色，就可以藉由添加濃度的不同，變化出深淺不一的色調，或者混合兩種以上的顏色，調配出數十種以上不同的色彩。內文也貼心地將各個步驟所使用的顏色組合另外標示出來，提供還不熟悉如何調色的初學者參考。只要按照書中的比例調配，再依奶油霜的分量調整色素用量，便能夠呈現和書中照片近乎相同的顏色。

調色方法

進行奶油霜調色時，記得先挖出需要的奶油霜一半分量放入碗中。這麼做是為了以防萬一調不出自己想要的顏色，還有挽救的餘地，所以先從少量開始進行。假如成功調出想要的顏色與濃淡度，就可以再增加奶油霜。用色膏抹刀挖取色膏，直到調配出想要的顏色，再以刮刀攪拌均勻，這樣才不會使奶油霜變得過軟，反而難以擠花。

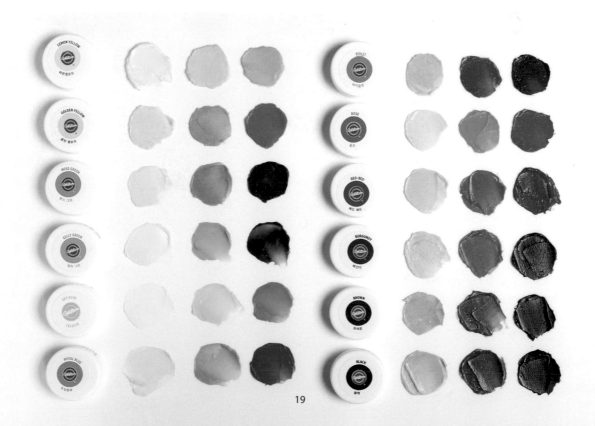

花嘴與擠花袋

花嘴

不同的花瓣、花型，需要使用不同款式的花嘴。本書主要使用惠爾通花嘴，但是在擠陸蓮花、牡丹等較為圓胖的花型時，則會使用特製的 Olli 手工花嘴。如果沒有 Olli 花嘴，也可以用惠爾通 123 號花嘴替代或改造（見右頁KEY POINT），同樣能夠擠出形體相似的花瓣。只要注意轉動花釘的方向與堆疊花瓣的方向會與 Olli 花嘴相反。

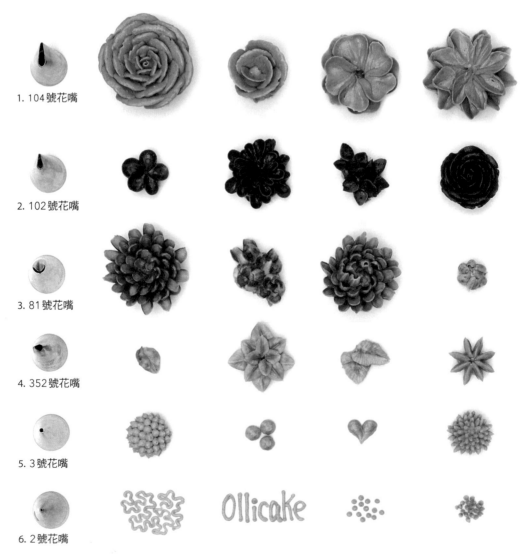

1. 104 號花嘴

2. 102 號花嘴

3. 81 號花嘴

4. 352 號花嘴

5. 3 號花嘴

6. 2 號花嘴

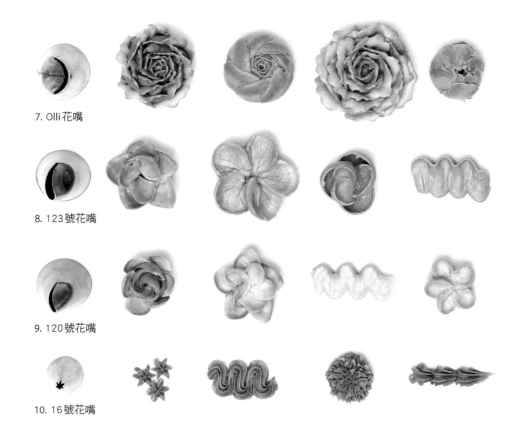

7. Olli 花嘴

8. 123 號花嘴

9. 120 號花嘴

10. 16 號花嘴

1. 104號花嘴：玫瑰、山茶花、康乃馨等，大部分品種的花瓣都是以這個花嘴製作。除此之外，也用於製作多肉植物或花葉。

2. 102號花嘴：與104號花嘴的形狀一樣，差別在於尺寸。這個型號的花嘴，可以擠出所有104號花嘴能擠出來的花瓣，只是較為迷你。

3. 81號花嘴：用於製作面積窄小、中間微凹的花瓣，例如菊花。

4. 352號花嘴：擠花葉時使用。

5. 3號花嘴：擠花苞或果實等球狀物時使用。

6. 2號花嘴：擠花蕊或文字時使用。

7. Olli花嘴：擠陸蓮花、牡丹等較為圓胖形的花瓣時使用。

8. 123號花嘴：如果沒有Olli花嘴，可以用這個花嘴代替。

9. 120號花嘴：擠蓮花時使用。

10. 16號花嘴：可擠出星形。擠花蕊或有星形裝飾需求時使用。

• KEY POINT •

改造惠爾通 123 號花嘴，做出與 Olli 花嘴相同的效果

將惠爾通 123 號花嘴較寬的那一頭以斜口鉗壓扁，直到與較窄的那一頭一致，就能擠出和 Olli 花嘴相同的花瓣形狀。

擠花袋使用方法

使用擠花袋時，如果搭配花嘴轉換器，就可便於更換花嘴。當手握擠花袋，記得將袋裡的奶油霜全部推向前端花嘴處，使其飽滿無空隙，並將上方剩餘的袋子繞手掌一圈緊握。奶油霜的分量是以製作玫瑰花三朵為基準，不超過擠花袋的1/3。奶油霜如果太少，容易因手心溫度而加速軟化，太多則不易掌握操作。使用完畢，將花嘴轉換器向前推，即可從前端洞口取出。

1. 將花嘴轉換器放入擠花袋中，並剪下擠花袋的尖角，注意不要剪掉太多。

2. 將花嘴轉換器推至擠花袋最前端洞口外，再套上要使用的花嘴型號。

3. 把花嘴轉換器的接頭確實栓緊。

4. 將奶油霜填入擠花袋中。

5. 一手拉住擠花袋，另一隻手則將奶油霜推至前端花嘴處。

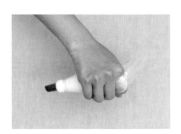

6. 將上方多餘的擠花袋纏繞在食指上，握緊固定。

tip. 擠花最佳溫度

適合進行奶油霜擠花的室內溫度是在22～24℃之間。溫度太低，奶油霜會變硬，難以從擠花袋擠出；溫度太高，則會使奶油霜的狀態太軟，難以塑形。建議不論是在打發奶油霜或者製作擠花蛋糕時，最好能維持室內溫度一致。

漸層奶油霜擠法

在擠花袋裡的奶油霜還剩下1/3左右時，加入其他顏色的奶油霜，便能夠做出漸層效果。如果先將擠花袋裡的奶油霜全都向前推擠，整理乾淨，再放入其他顏色，轉換顏色時便能夠營造出美麗的漸層效果。反之，如果先將 個顏色擠完，才填入其他顏色的奶油霜，不僅無法展現自然的漸層效果，還會使奶油霜軟化。

雙色奶油霜擠法

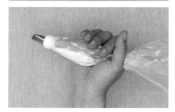

用矽膠刮刀將作為基底顏色的奶油霜先填入擠花袋中，然後將另一種顏色的奶油霜放入擠花袋的一側。記得填入雙色奶油霜時，可以使用色膏抹刀或修角抹刀輔助，並且在裝進擠花袋的過程中，小心避免讓兩種顏色混合在一起。

TECHNIQUES
擠花技巧練習

擠花基礎

蘋果花與玫瑰花是韓式擠花蛋糕的基礎款，基本上只要會擠這兩種花，就可以延伸應用至書中介紹的其他花朵品種。玫瑰花系列的花朵，是以圓錐形為花朵底座，貼著圓錐由上而下擠出一層又一層的花瓣。蘋果花系列的花朵，是以圓盤形作為花朵底座，一瓣接著一瓣，使花瓣重疊呈現。而其他製作方式不屬於這兩種系列的花，大多因為花瓣末端呈尖形，與綿毛水蘇的擠法雷同，因此我將它們歸類在綿毛水蘇的延伸應用。既然蘋果花、玫瑰花和綿毛水蘇是百花的基礎，那麼就得勤於練習，確實熟悉擠花手勢，才能充分掌握各種花型。

特徵 ＼ 花朵類型	玫瑰花	蘋果花	綿毛水蘇
底座	圓錐形	圓盤形	
轉動花釘的方向	順時針方向	逆時針方向	
花瓣生成的方向	逆時針方向	順時針方向	
堆疊花瓣的順序	由上往下	由下往上	
延伸應用	菊花 紅山茶花 陸蓮花 覆盆子 薔薇 英國玫瑰 牡丹 鬱金香 聖誕紅 繡球菊 海神花	八重櫻 雛菊 山茱萸 皺褶玫瑰 木蓮花 百日紅 櫻花 松果 繡球花 西洋松蟲草 銀蓮花 罌粟花 蓮花 康乃馨 大波斯菊 三色菫 香雪蘭 聖誕玫瑰 蠟菊 蝴蝶蘭 扶桑花	多肉植物 大理花 百合 水仙 梔子花 海芋 雞蛋花 向日葵

玫瑰花系列

玫瑰花系列的花朵，是先擠出一個圓錐形作為花朵底座，再由上往下擠出一片片花瓣，從側面觀看成品會呈扇形。如同所有鮮花的花瓣，都是愈靠近底部愈窄，甚至與花梗相連。這些細節，都有助於我們在進行花環組合時呈現出更栩栩如生、完整度高的擠花蛋糕。

玫瑰花擠法

使用花嘴：104號花嘴　　花釘轉動方向：順時針

1. 取惠爾通104號花嘴，手握擠花袋，與花釘表面呈垂直。

2. 在花釘上擠出一個圓錐形，圓錐要佔花釘60%以上面積。

3. 將花嘴較寬的那一頭靠在圓錐頂端。

4. 將花釘朝順時針方向轉動，擠出花心。

5. 將花嘴靠在花心結束的位置，以畫拋物線的手勢擠出花瓣。

6. 下一片花瓣要覆蓋住前一片花瓣的1/2。

7. 擠出4~5片花瓣,包覆住花心。

8. 擠花瓣時,花嘴較寬的那一頭要一直緊貼圓錐,花嘴較窄的另一頭則要離花心愈來愈遠。

9. 沿著圓錐外緣,逐漸往下擠出花瓣。

KEY POINT

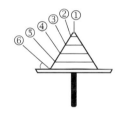

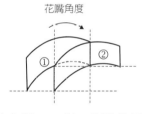

花嘴角度

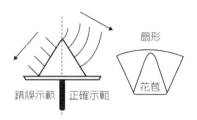

錯誤示範　正確示範

扇形

花苞

・在步驟 4 要擠花心時,從 ① 的位置開始,並於下方距離 5 公釐處,② 的位置收手。

・在步驟 9,化瓣要沿著 ②-③-④-⑤ 的位置向下盛開,與花釘表面的角度也愈漸縮小,花瓣面積則愈來愈大。切記,每一層花瓣之間,間隔要盡量保持一致。

・在步驟 7、8 時,花瓣 ② 要從蓋住上一片花瓣 ① 的 1/2 位置開始擠。

・到步驟 7 擠出包覆住花心的花瓣時,花瓣角度一定要高於花心,向上拉提。

・在步驟 8 擠花瓣時,花嘴記得緊貼圓錐擠出奶油霜,以畫拋物線的手勢進行,收手的位置也要比開始擠的位置稍微高一些。

・每一層花瓣的傾斜角度如果過直,會顯得僵硬不自然,所以擠花瓣時,要以弧線狀向上拉揚。此外,如果外層花瓣擠得過高,側面會因為看不見內層花瓣而缺少層次感,需多加注意。

・完成的花朵從側面看上去要呈扇形。

頂端要平坦　傾斜度要柔順

45°

玫瑰花延伸應用:山茶花、菊花

只要是能看見花蕊的花朵,都可以運用玫瑰花的擠法進行。雖然山茶花與菊花的側面和玫瑰花相似,但是圓錐底座的頂端要更圓更平坦,這是為了方便將花蕊擠在上頭。花瓣要從第一層慢慢向外開散,隨著花瓣愈往下開,與花釘表面的角度就要愈小,花瓣則愈長。如果讓每一層花瓣的盛開角度稍有不同,花瓣之間就會出現空隙,營造出輕盈飄逸的感覺。記得要和玫瑰一樣,外層花瓣不高過內層花瓣。

蘋果花系列

蘋果花系列是以圓盤形作為花朵底座,並在上頭依序擠出邊緣交疊的花瓣。擠出圓盤形花朵底座時,上下兩面直徑要盡可能一致。此外,朝上的那一面要平坦,才易於增添花瓣。由上往下俯瞰擠好的成品時,切記不可以看見圓盤底座,所以底座要盡量擠小一點。

蘋果花擠法
使用花嘴:102號花嘴 花釘轉動方向:逆時針

1. 取惠爾通102號花嘴,手握擠花袋,與花釘表面呈垂直。

2. 在花釘上擠出3〜5公釐厚的圓盤形花朵底座,底座上下兩面的直徑要盡可能一致,表面則最好平坦。

3. 擠面積較小的花朵時,記得底座也要跟著縮小。

4. 將花嘴口較寬的那一頭靠在花釘中央,擠出第一片花瓣。

5. 花嘴以11點往1點鐘方向,以畫弧形的手勢將奶油霜擠出。

6. 擠出同樣大小的5片花瓣,第1片與第5片花瓣的邊緣要交疊。

7. 取惠爾通2號花嘴，點上花蕊便完成。

8. 製作完成的蘋果花成品。

· KEY POINT ·

手勢

花嘴角度

11 點　1 點

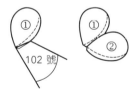

①
①
②
102 號

· 進行步驟 5 時，手勢是以握筆畫圈的方式轉動。

· 將花嘴較寬的那一頭靠在花釘中央，再開始擠出花瓣。擠完第五片花瓣時，要剛好繞回原點。

· 擠花瓣時，起始點是在 11 點鐘方向，結束點則在 1 點鐘方向。

· 進行步驟 6，以一片接著一片擠出花瓣時，先將花嘴口貼在花瓣 ① 的邊緣，再擠出花瓣 ②，以此類推共擠出 5 片花瓣。

②
①
正確示範　錯誤示範

蘋果花延伸應用：八重櫻

像八重櫻一樣有著多層花瓣交疊的花朵、花瓣由下往上延伸的花朵、按照實際花瓣綻開順序擠花瓣的花朵，都可以用蘋果花的方式來擠花。

第一層花瓣要像花瓣 ① 一樣，從一開始就向內傾斜角度直立拉出，因為通常再擠上第二層花瓣以後，位在下方的第一層花瓣就會被壓平變形，而愈上層的花瓣表示愈晚開，甚至尚未全開，所以傾斜角度也要愈靠近中央接近垂直，花瓣則是愈往上愈小。

綿毛水蘇

104號花嘴比352號花嘴擠出的葉子更大也更長，末端要呈尖角狀。進行花環組合時，可點綴在花與花之間。像雞蛋花、水仙、向日葵等花朵的花瓣末端就是尖角，因此都可運用綿毛水蘇的擠法。

綿毛水蘇擠方法
使用花嘴：惠爾通104號

1. 取惠爾通104號花嘴，手握擠花袋，花嘴緊貼在花釘表面，由12點鐘方向往下移動到花釘的正中央，擠出3公釐厚的扁平形作為底座。

2. 將花嘴較寬的那一頭靠在底座上，開始擠出葉子。此時，花嘴口要與底座的長條形方向一致，呈一直線。

3. 將花釘往逆時針方向轉動，讓葉子從底座中央往右擠出。

4. 花釘轉動180度就要暫停，此時花嘴口與底座要呈一直線。

5. 將葉子底端也擠出尖角，再擠出另外半邊的葉子。

6. 可以依個人需求，在製作葉子時添加一些褶痕。

擠花組合 ARRANGE

所謂擠花組合，意指將擠好的花朵放置在蛋糕表面，組合成擠花蛋糕。也就是將分別擠好的
花朵、葉子等素材，以特定的主題風格裝飾布置在蛋糕表面，是擠花蛋糕的最後製作階段。
本書配合花朵大小、配色原則，將擠花蛋糕的組合方式分成四種類型：滿版盛開型、小圓頂
型、花環型、半月型。

擠花剪使用方法

搬移製作完成的花朵時使用。與其說是用擠花剪抬起花
朵、挪移至蛋糕表面，不如想像成是固定住花朵，讓下
方的花釘可以順利抽離。放置於蛋糕上時，也要以插花
的感覺放上去，而不是丟放於蛋糕表面。擠花剪的開口
要撐得夠開，將上下刀刃撐開到比平行更開一點的角
度，以順利移動花朵。並且要注意從取花到放花，擠花
剪的開口必須維持固定幅度。同時要隨時轉動轉盤，讓
插放花朵的位置靠近自己，轉盤以逆時針方向邊轉動、
邊插上花朵。抽取擠花剪時，剪刀把手要朝三點鐘方向
拉出，以避免碰觸到其他已經擺於蛋糕表面的奶油花。

蛋糕的正面

不論是生日蛋糕或紀念日蛋糕，一定都有個收蛋糕的主
角。此時，蛋糕最美麗的一面自然會朝向主角，這一面也
就是我們所謂的「蛋糕正面」。進行擠花組合時，記得要
先大致設定好哪一面是蛋糕的正面再開始進行。不過，有
時也會發生組合完畢，才發現另一面更漂亮的情形。因此
如果打算在蛋糕上擠文字訊息，也建議等擠花組合完成，
確定蛋糕正面的方向，再寫上文字。
蛋糕通常是許多人圍繞在一起享用的食物，因此，不管從
什麼方向看上去，最好要能維持精緻度一致，並且避免露
出擠花剪的印痕。

滿版盛開型

將蛋糕表面用擠好的花朵全部覆蓋裝飾，呈現如捧花般的半球形。先在蛋糕中央擠出一座奶油山，接著再以花朵組合布置。蛋糕中央會凸起成圓弧狀，是四款組合基礎中，花朵最有分量的組合款式。

1. 在蛋糕表面中央擠出適量奶油，再用抹刀整平成一座小山的形狀。 **tip.** 蛋糕表面邊緣記得預留 2 公分左右的寬度，奶油山的坡度也最好不要超過 30 度。

2. 在蛋糕邊緣放上兩朵擠花成品。

3. 放一朵花在靠近奶油山頂端處，再取另外一
朵花插放在步驟2的兩朵花之間。

4. 在步驟2的兩朵花旁再多加兩朵花。

5. 放一朵花在靠近奶油山頂處，再取另外一朵
花擺放在步驟4的兩朵花之間。

6. 用同樣的方式逐漸擺滿花朵。 **tip.** 如果將位
於上下左右的花朵，以不同大小或高度作搭
配，就能營造出更自然的效果。

7. 放上最後一朵花時，注意擠花剪不要傷到右
側已擺妥的花。

8. 蛋糕表面全部放滿花之後，可以用小花或其
他裝飾素材加以點綴，最後再放上花葉。
tip. 如果只有主花，視覺上較單調擁擠。所
以主花佔蛋糕表面80%即可，其餘空間以小
花、裝飾物或花葉點綴，便可收尾。

小圓頂型

滿版盛開型的組合方式是將蛋糕表面全部放滿花朵,而小圓頂型則是依循滿版盛開型的組合步驟,但是將布置面積縮小。先將蛋糕表面分成4等分,然後在1/4等分上擠一座奶油山,盡量偏離蛋糕中央,會顯得更為高雅。

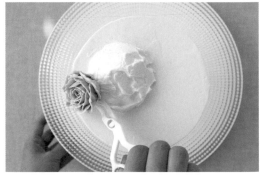

1. 在蛋糕表面擠上適量奶油霜,再用抹刀整平成一座小山的形狀。 **tip.**蛋糕表面邊緣處記得預留2公分左右的寬度,奶油山的坡度也最好不要超過30度。

2. 將蛋糕的正面朝向自己,並從左側邊緣處開始插花。

3. 以逆時針方向插花。

4. 當花朵已經圍繞奶油山一圈,成為花環型,就在既有的奶油山上再擠一層奶油山。

5. 同樣從左側開始,以逆時針方向擺放花朵。

6. 利用剩餘的花朵將所有空隙填滿。注意擠花剪不要傷到右側已擺妥的花。

7. 在適當的位置加上花葉,再以惠爾通3號花嘴擠上綠色圓珠。

8. 把花嘴一半的長度放進綠色圓珠內,擠入其他顏色的奶油霜,製成花苞。 **tip.** 如果小圓頂是設定在蛋糕的邊緣處,可在對向角度蛋糕體的側面外圍插上幾朵花,以維持視覺上的平衡。

花環型

一種在蛋糕表面用擠花裝飾出如甜甜圈形狀的組合技法,是四種組合基礎中,唯一一款不需要擠奶油山就可以進行組合的款式,所以相對來說,也更能夠靈活應用。這款擠花組合的祕訣,是沿著蛋糕邊緣以湊呈三角形的花朵為一組進行排列。

1. 先從蛋糕邊緣預留2公分寬度的地方插上第一朵花。記得花要面向蛋糕中央,傾斜45度角擺放。

2. 第二朵和第三朵花則朝外,一樣以斜45度的方式擺放於蛋糕邊緣。三朵花要以彷彿插在同一個洞裡的感覺呈三角形才好看。

3. 在第三朵花的旁邊放上第四朵花。

4. 重複步驟① 到③ 的方式，逆時針方向以花朵數3-1-3-1的組合方式插上花朵。

5. 當蛋糕邊緣全部插滿花朵，再取其他花朵，將面向蛋糕中央的花朵之間的空隙填滿。

6. 將花朵填入花與花之間的空隙，並調整花圈的整體寬度，使其一致。

7. 為了讓花圈能夠像甜甜圈一樣展現自然弧度，擺花時要記得考量花的放置方向。

8. 在適當的位置加上花葉。

半月型

是一種用擠花組合成新月形或牛角麵包形狀的不對稱組合。先於蛋糕左側上方擠出一座新月形的奶油山,再沿著奶油山的輪廓由外至內插上花朵,剩餘的1/4蛋糕表面留白,這樣更能突顯組合的立體感。

1. 在蛋糕表面左上方擠出適量奶油霜,再用抹刀整平成一座新月形小山。

2. 先從半月形奶油山的左下方開始,放上第一朵花。

3. 以步驟 ② 的那朵花為中心，再分別插上兩朵花，一朵朝外，一朵朝內。

4. 按照先朝外、後朝內的順序擺放花朵。

5. 沿著新月形奶油山外圍輪廓擺滿花朵。

6. 再次從最前端開始，以花朵填滿其餘空間。

7. 使用不同大小的花朵混合擺放。**tip.**進行擠花組合時，先選擇擺放飽滿有分量的大型花朵，再放上扁平單薄的花朵，會更好操作。

8. 在新月形的前後兩端加上幾朵小花，再利用惠爾通352號花嘴擠上花葉。 **tip.**把所有花朵擺上蛋糕表面後，記得要將1/4左右的蛋糕表面留白，看起來會更高貴優雅。

初階擠花蛋糕

✿ Anemone

銀蓮花

相傳希臘神話中的美少年阿多尼斯身亡時，流出來的鮮血變成了銀蓮花。銀蓮花有白色、深紫色、紅色花瓣的品種，顏色深而凸出的花蕊是其特色。因此在擠銀蓮花時，花瓣的製作並不困難，難的反而是花蕊，需要花較多時間處理。花瓣形狀其實都大同小異，但是有無花蕊的效果差異很大，必須靠花瓣顏色與花蕊，才能展現花朵之間的差別，並且體現截然不同的完整度。所以儘管費工，也要多費心於花蕊的擠製。

main flower 主要花朵 · 銀蓮花	**tips** 使用花嘴 · 花瓣 104 號 花蕊 2 號	**colors** 使用色膏 · 花瓣 ○（White） 花蕊 ●（Black）	**direction** 花釘轉動方向 · 逆時針方向 ↺

銀蓮花擠法

1. 取惠爾通104號花嘴，手握擠花袋，與花釘表面呈垂直。

2. 在花釘表面擠出約3公釐厚的圓盤形，作為花朵底座。

3. 將花嘴較寬的那一頭靠在花朵底座中央，擠出第一片花瓣。

4. 在花瓣中間加入褶痕,使其形成愛心型,總共擠出5片以完成第一層花瓣。

5. 第二層的第一片花瓣,也是從花朵中央開始擠出。

6. 將擠花袋傾斜20～30度,擠出比第一層再小一點的花瓣,總共擠出5片。

7. 從側面看上去,花瓣不可以碰觸到花釘表面。

8. 取惠爾通2號花嘴,手握擠花袋,在花朵中央擠上花蕊。

9. 製作完成的銀蓮花成品。

● KEY POINT ●

花瓣是從底座的上端 1/3 處開始擠出。

和底座貼合的狀態要像花瓣①、②一樣。花瓣①是從底座的上端 1/3 處開始擠出,不是從正中央開始。記得要稍微抬起花嘴擠出奶油霜,不能像花瓣 A 一樣貼平底座。

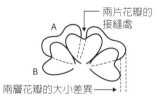

B 層花瓣要擠在 A 層花瓣的接縫處,為了露出 A 層花瓣,B 層花瓣要擠得比 A 層花瓣小一些。

銀蓮花組合
ARRANGE

銀蓮花

陸蓮花

flowers – 陸蓮花、銀蓮花
arrange style – 滿版盛開型

·

1.先在蛋糕表面中央擠出一座奶油山。**2**.由左至右插上陸蓮花。**3**.先將陸蓮花這種體型比較大的花朵放在蛋糕表面，再將相對較扁平的銀蓮花擺放上去。**4**.花葉可以在組合的過程中添加，或者最後再找適合的位置擺放。**5**.不要從一開始就把整個蛋糕表面擺滿花朵，先放 70 ～ 80% 滿即可。**6**.在空隙間放上花苞或花葉。**7**.點綴型花朵沒有一定的間隔或排列順序，只要考量整體平衡感來擺放即可。

advice

·進行擠花組合時，建議先將較豐厚的玫瑰花系列花朵擺好，再放上相對較扁平輕盈的花朵。較薄的花瓣最好要擠得向內微捲，而不是徹底盛開的樣子，才能使擠花裝飾更立體。

❀
Cherry Blossom
櫻花

自製的手作品通常會帶有一種溫度，如實傳遞著製作者當下的心意與情緒，這是一件十分奇妙又有趣的事情。像我每到春天就一定會做櫻花蛋糕，在櫻花花瓣如雪片般飛舞之際，邊聽著收音機裡傳來的輕音樂，邊製作蛋糕，相信收到蛋糕的人，一定也能感受到我當下的喜悅吧？當你苦惱著不知道該做哪種款式的擠花蛋糕時，不妨先從當季盛開的花來發想，相信那份用心一定會被融入蛋糕之中，就如同攝影可以將瞬間的感覺鎖入照片一樣。

main flower	tips	colors	direction
主要花朵	使用花嘴	使用色膏	花釘轉動方向
·	·	·	·
櫻花	花瓣 102 號	花瓣 ●●	逆時針方向
	花蕊 2 號	(Red-Red 9 . Moss Green 1)	
		花蕊 ○（White）	

櫻花擠法

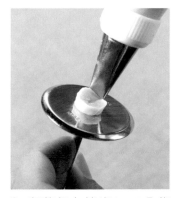

1. 取惠爾通102號花嘴，手握擠花袋，與花釘表面呈垂直。

2. 在花釘上擠出3～5公釐厚的圓盤形，作為花朵底座。

3. 將花嘴較寬的那一頭貼著底座中央，擠出第一片花瓣。

4. 擠花瓣時，花瓣要呈外圍
輪廓有褶痕的倒三角形。

5. 由上往下俯瞰時，花瓣左
右要微微向內摺。

6. 重複第一片花瓣的擠法，
擠出第二片花瓣。

7. 總共擠出5片花瓣。

8. 取惠爾通2號花嘴，手握
擠花袋，擠出花蕊即可收
尾。

9. 製作完成的櫻花成品。

→ **KEY POINT** ←

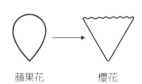

蘋果花　　　　櫻花

花瓣是用蘋果花的概念，以倒
三角形花瓣添加皺褶紋路的形
式擠出來。

72°

每擠一片花瓣，就旋轉花釘
72度。

第一片花瓣與最後一片花瓣的
邊緣需交疊。

櫻花組合
ARRANGE
———

A

B

flowers – 櫻花
arrange style – 花環型
·

1. 從蛋糕表面的正上方邊緣處開始裝飾。2. 花朵以逆時針方向，從左向右擺放。3. 按照花環型基本組合方法，以花朵數 3-1-3-1 的順序擺放。4. 蛋糕表面放完一圈櫻花後，再利用剩餘的櫻花插放在花與花之間，讓花圈的粗細度及分量感達到平衡。5. 為了表現出櫻花紛飛的效果，蛋糕體側面及外圍盤面也可以放上幾朵櫻花。

advice
· 漸層奶油霜：先用顏色 A 塗抹在蛋糕體的上方表面及側面上段 1/3，接著再用 A 與 B 的混合色塗抹在側面中段 1/3，最後則用顏色 B 塗抹在側面下段 1/3。
· 取乾淨的抹刀，將蛋糕側面抹平即可收尾。

❀ Dogwood

山茱萸

山茱萸在韓國俗稱四照花。起初，由於從未實際看過真花，所以感到十分好奇。畢竟從照片上看起來清秀甜美，感覺會飄出優雅芬芳的淡淡香氣。後來才知道，原來英國皇家阿爾伯特（Royal Albert）咖啡杯碟上印有的四瓣花，正是山茱萸。我認為光憑看照片就要擠花，其實有所限制。為了能夠掌握花朵的形態並更逼真展現，在擠花前先好好認識並實際接觸過該品種的花朵會更好，這是根據我個人經驗所領悟的心得。

| main flower 主要花朵 · 山茱萸 | tips 使用花嘴 · 花瓣 104 號 花蕊 2 號 | colors 使用色膏 · 花瓣 ◯（White）花蕊 1 ●●（Black 3 : Brown 7）花蕊 2 （Lemon Yellow）| direction 花釘轉動方向 · 逆時針方向 ↺ |

山茱萸擠法

1. 取惠爾通104號花嘴，手握擠花袋，與花釘表面呈垂直。

2. 在花釘上擠出3公釐厚的圓盤形，作為花朵底座。

3. 將花嘴較寬的那一頭貼著底座中央，擠出第一片花瓣。

4. 擠花瓣時,花瓣中央要擠出波紋,使其呈愛心形。

5. 總共要擠4片花瓣。

6. 由上往下俯瞰時,不能看見花朵底座。

7. 從側面看上去,花瓣不可以貼在花釘表面,要向上延伸。

8. 取惠爾通2號花嘴,手握擠花袋,先擠出棕色花蕊,再擠上黃色花蕊。

9. 製作完成的山茱萸成品。

• KEY POINT •

錯誤示範 | 正確示範

擠花瓣時要加入波紋。

在圖中 ① 的凹陷處稍微鬆開擠花袋,擠到 ② 再度隆起的部分時,要再施點力氣擠出奶油霜。

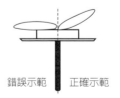

錯誤示範　正確示範

擠花瓣時,要稍微豎直花嘴角度,向上擠出。

山茱萸組合
ARRANGE

———

山茱萸

覆盆子

flowers - 山茱萸、覆盆子
arrange style - 花環型

1. 蛋糕體抹面選用白色奶油霜。**2.** 將蛋糕表面與側面外圍的銜接處也抹面整平。**3.** 取惠爾通 3 號花嘴,在蛋糕側面擠上花梗。**4.** 先利用較大的花朵組合成花環型,然後依序使用中、小型花朵,擺放在需要補強的地方。**5.** 擺放花朵時,建議將每一朵花的方向以及傾斜角度適度微調,這樣呈現出來的效果更自然。**6.** 花朵全部擺放完畢,再放上幾顆覆盆子作色彩點綴。**7.** 將預先擠好的花葉,利用擠花剪搬移放置於花朵之間裝飾。

advice

· 裝飾蛋糕側面時,記得選擇體積較小也較輕薄的花朵,搬移花朵時,也記得盡可能將花朵底座剪除乾淨,才會牢牢地黏於側面,且不顯笨重。要是覺得擠完花朵後直接插放在蛋糕側面很困難,也可將奶油花先放在烤盤紙上,冷藏定型再取出使用。

❀
Daisy

雛菊

雛菊，是我們非常熟悉的野花，由於和它形狀相似的花朵多不勝數，所以只要學會這朵花的擠法，就能夠多方延伸應用。記得在惠爾通蛋糕裝飾學校第一次學習擠這朵花時，是將花瓣擠得扁平又細長。剛擠完時沒辦法直接放在蛋糕上，都要先擠在一張四方形的烤盤紙上，放入冰箱冷藏定型，再用抹刀搬移至蛋糕表面。由於這樣的過程實在太過繁瑣，需要剪紙、冷藏等，因此有好長一段時間，我都不太擠這朵花。後來是改以直接在花釘上擠出花朵底座，並擠出花瓣的方式，才又開始以這朵花進行蛋糕裝飾。

main flower 主要花朵 • 雛菊	tips 使用花嘴 •	colors 使用色膏 •	direction 花釘轉動方向 • 逆時針方向
	花瓣 ◗ 104 號 花蕊 ◖ 3 號	花瓣 ○（White） 花蕊 ●（Lemon Yellow）	↺

雛菊擠法

1. 取惠爾通104號花嘴，手握擠花袋，在花釘上擠出3～5公釐厚的圓形，作為花朵底座。

2. 將花嘴較寬的那一頭貼著底座中央，擠出第一片花瓣。

3. 花瓣末端圓滾，愈靠近中央則愈尖，呈水滴狀。

4. 在1/4等分的花朵底座上擠出約4片花瓣。

5. 每一片花瓣長度都要一致，由上往下俯瞰時才會呈完整的圓型。

6. 從側面看上去，花瓣不可以貼在花釘表面，要向上延伸。

7. 花瓣長度要稍微超出花釘的範圍。

8. 取惠爾通3號花嘴，擠上花蕊後即可收尾。

9. 製作完成的雛菊成品。

KEY POINT

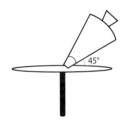

將花釘分成 4 等分，每 1/4 等分大約擠上 4～5 片花瓣，而且花瓣的長度要超出底座。

擠花時，記得擠花袋要與花釘表面維持 45 度，向右傾斜。

蘋果花　　雛菊

[花瓣形狀]

[擠花手勢]

花瓣是以蘋果花的擠法稍微變化進行。

雛菊組合
ARRANGE

雛菊

蠟菊

維羅尼卡花

小雛菊

flowers – 雛菊、小雛菊、蠟菊、維羅尼卡花
arrange style – 花環型

·

1. 以 3～4 朵雛菊為一組，沿著蛋糕表面邊緣，由左向右的逆時針方向繞一圈擺放。**2**. 記得先擺到 70～80% 滿即可，每一組花之間也最好預留一些間隔。**3**. 利用剩餘的雛菊以及小雛菊填補空隙。**4**. 由上而下俯瞰時，花環的寬度要與從側面看的厚度相似，不足的地方可以用蠟菊補強。**5**. 花朵全部擺妥之後，再擠上維羅尼卡花與花葉。

advice

· 雛菊可以用惠爾通 102 號花嘴來擠，也可以按個人需要更改花瓣長度。

· 如果將擠好的雛菊放入冷藏定型，反而可能會使花瓣擠壓破碎，所以不建議冷藏。

✤
Freesia
香雪蘭

不論多麼不了解花朵的門外漢，也一定都熟悉香雪蘭，因為在如今大量仰賴進口花的年代，舉凡畢業典禮、開學季，隨處可見這朵花的身影。尤其是二、三月份，訂購擠花蛋糕的顧客也最常指定要買這朵花的款式。奶油霜擠花蛋糕不僅是蛋糕，同時更傳達了花朵的花語意涵，所以經常有顧客用來作為紀念日的禮品。香雪蘭的花語有祝賀之意，康乃馨則有感謝之意，在母親節或教師節時，不妨親手製作一款擠花蛋糕表達謝意，相信收到蛋糕的人一定會永記在心。

| main flower 主要花朵 · 香雪蘭 | tips 使用花嘴 · 花瓣 104 號 花蕊 2 號 | colors 使用色膏 · 花瓣 (Lemon Yellow 9 : Golden Yellow 1) 花蕊 (Lemon Yellow) | direction 花釘轉動方向 · 逆時針方向 |

香雪蘭擠法

1. 取104號花嘴，手握擠花袋，與花釘表面呈垂直。

2. 在花釘上擠出3～5公釐厚的圓盤形，作為花朵底座。

3. 將花嘴較寬的那一頭貼著花朵底座中央，擠出第一片花瓣。

4. 將花嘴角度從11點往1點鐘方向移動,擠出花瓣後手勢向下,超過底座中央即可停止。

5. 擠出3片花瓣後,第一層花瓣便已完成。

6. 第二層的第一片花瓣也是從中央開始擠出。

7. 擠第二層花瓣時,要稍微豎直花嘴角度,擠出較小的3片花瓣。

8. 取惠爾通2號花嘴,擠上花蕊即可收尾。

9. 製作完成的香雪蘭成品。

KEY POINT

蘋果花　香雪蘭

結束點要比起始點稍微拉長一些。

中央要呈螺旋狀互相扣在一起。

60

香雪蘭組合
ARRANGE

———

菊花

金槌花

香雪蘭

flowers – 香雪蘭、菊花、金槌花
arrange style – 花環型

·

1. 按照花環型基本組合方法，以花朵數 3-1-3-1 的擺放順序，將香雪蘭擺在蛋糕上圍成一圈。**2.** 利用剩餘的香雪蘭與菊花，以稍有高低落差的方式將空隙補齊。**3.** 由上往下俯瞰時，花環的寬度要與側面看起來的厚度相近。**4.** 擺完香雪蘭，再將金槌花擺放在花與花之間的空隙。**5.** 取惠爾通 3 號花嘴，直接在蛋糕表面擠出香雪蘭花苞，再取惠爾通 352 號花嘴，擠上花葉。**6.** 在盛裝蛋糕的盤子上，擺 3 ～ 4 朵香雪蘭作收尾。

advice

· 現實中的香雪蘭，其實是像漏斗狀的，花瓣末端圓潤。然而，書中示範的奶油霜香雪蘭，則只模仿了圓滾滾的花瓣形狀，省去了花瓣下方的細長部分。

· 奶油霜以檸檬黃（Lemon Yellow）為基底，再摻入極少量的金黃（Golden Yellow）與凱莉綠（Kelly Green）做顏色上的微調。

❀
Hyperycum
艷果金絲桃

艷果金絲桃，這花名很特別吧？我相信很多人可能是第一次聽說。每當我在課堂上講解花朵時，經常發現大家對花朵不怎麼了解，這點其實令我十分訝異。如果是不知道艷果金絲桃這種比較少見的品種還情有可原，但是滿多人甚至不知道山茶花、三色堇這類花朵，要給他們看照片才覺得好像有印象。不過，不知道這些花朵名稱又有什麼關係？只要能享受擠花的樂趣就足夠了。在不是什麼特殊節日的日子裡，買一束鮮花插放在餐桌上，能有這樣的餘裕就是最簡單的幸福，不是嗎？

| main flower
主要花朵
•
艷果金絲桃 | tips
使用花嘴
•
花萼　102 號
果實　　3 號
蒂頭　　2 號 | colors
使用色膏
•
花萼 ●●
(Lemon Yellow 6 : Moss Green 3 :
Violet 1)
果實 ●●
(Lemon Yellow 5 : Golden Yellow 5)
蒂頭 ● (Black) | direction
花釘轉動方向
•
逆時針方向
↺ |

艷果金絲桃擠法

1. 取惠爾通102號花嘴，手握擠花袋，與花釘表面呈垂直。

2. 在花釘上擠出3～5公釐厚的小型圓盤，作為花朵底座。

3. 將花嘴較寬的那一頭貼著底座中央，擠出第一片花葉。

4. 擠花葉時，要左右對稱圓潤，呈現中心稍微交扣在一起的形狀。

5. 總共擠出3片花葉，中心處稍微交疊，花萼便已完成。

6. 套上惠爾通3號花嘴，在花萼上垂直擠出果實。

7. 利用色膏抹刀將黑色奶油霜填入惠爾通2號花嘴。

8. 在果實頂端點上一顆極小的黑點，作為蒂頭。

9. 製作完成的艷果金絲桃成品。

· KEY POINT ·

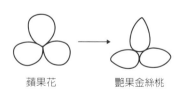

蘋果花 　　　　　 艷果金絲桃

利用惠爾通 102 號花嘴擠出來的花萼，不能和蘋果花一樣呈圓滾形，而是愈往末端要愈窄。

錯誤示範 　　　　　 正確示範

利用 3 號花嘴擠果實時，要平滑柔順，注意不能有皺褶細紋。

艷果金絲桃
ARRANGE

———

牡丹

繡球花

陸蓮花

扁葉刺芹

艷果金絲桃

flowers – 陸蓮花、牡丹、繡球花、扁葉刺芹、艷果金絲桃
arrange style – 半月型

·

1. 將一朵陸蓮花擺在蛋糕表面 8 點鐘方向,開始進行擠花組合。**2.** 從 8 點鐘方向往 4 點鐘方向,依序擺上陸蓮花、牡丹、繡球花。**3.** 三種花都放上去後,插上花葉,再用扁葉刺芹做部分點綴。**4.** 最後將艷果金絲桃以 2 ～ 4 個為一組,擺放在適當位置。

advice

· 艷果金絲桃最好在所有花朵都擺放完畢再放上去。如此一來,才能呈現出高於其他花朵的樣貌。

· 半月型組合的基本架構是以如同弦月的形狀呈現,中央最豐厚飽滿,前後兩端則愈來愈窄。但是偶爾也可以像上圖一樣,用較大的花朵擺放在前後兩端,做出變化。

✿ Cosmos

大波斯菊

大波斯菊花梗細長、花瓣輕柔,會隨風搖擺。無法將其柔美的姿態如實挪移至蛋糕上呈現是較可惜的一點,然而在擠這朵花時,還是要盡可能將花瓣擠得薄透,以展現它的特色。秋天最具代表性的花朵就是大波斯菊,街道上隨處可見它的身影,粉彩色的花朵與輕盈花瓣,足以激發內心深處的少女情懷。或許正因為如此,才有了「純情」這個花語。

| main flower 主要花朵 · 大波斯菊 | tips 使用花嘴 · 花瓣 104 號 花蕊 2 號 | colors 使用色膏 · 花瓣 ●● (Rose 7 : Violet 3) 花蕊 1 (Lemon Yellow 8 : Golden Yellow 2) 花蕊 2 ● (Lemon Yellow 5 : Brown 5) | direction 花釘轉動方向 · 逆時針方向 ↻ |

大波斯菊擠法

1. 取惠爾通104號花嘴,手握擠花袋,與花釘表面呈垂直。

2. 在花釘上擠出3～5公釐厚的圓盤形,作為花朵底座。

3. 沿著花朵底座外緣擠上薄薄一道外牆。

4. 從側面看上去，這道牆要直立，不能貼平在花釘上。

5. 將花嘴較寬的那一頭靠在底座中央，擠出只有外圍有褶痕的倒三角形花瓣。

6. 在花朵底座的 1／2 等分（即半圓）範圍內，擠上 4 片花瓣。

7. 總共擠上 8 片花瓣後，記得中央預留一個小洞。

8. 取惠爾通 2 號花嘴，在花朵中央預留的小洞擠上黃色花蕊，再於黃色花蕊外圍擠上棕色花蕊。

9. 製作完成的大波斯菊成品。

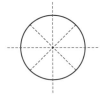

KEY POINT

花瓣可運用櫻花的擠法，以惠爾通 104 號花嘴取代擠櫻花時所用的 102 號花嘴，花瓣也從櫻花的 5 片增加為 8 片。

從側面看上去，花朵中央要有往內凹陷的幅度。

花釘的每 1/4 等分，要有 2 片花瓣。

大波斯菊組合
ARRANGE
———

菊花
薔薇
厚葉石斑木果實
小雛菊
大波斯菊

flowers – 薔薇、菊花、大波斯菊、小雛菊、厚葉石斑木果實
arrange style – 花環型
·

1. 先放上薔薇，抓出花環的重心。2. 再將菊花擺放在薔薇旁，增添花環的豐盈度。3. 從體型最大的那朵薔薇的位置為起點，以逆時針方向擺上大波斯菊。4. 用四種不同顏色的大波斯菊，依序填補花環空隙。5. 盡量以顏色相近的花朵為一組擺放，否則會使配色看來太混亂。每朵花的方向也可以適度微調，呈現出來的效果會更自然。6. 放上兩朵小雛菊，再擠上花葉。7. 取惠爾通 3 號花嘴，直接在蛋糕上擠出厚葉石斑木果實。

advice

· 花瓣的寬度要窄一點，並且多費心思在末端的褶痕表現，褶痕要像紙張撕開般呈鋸齒狀，總共需要 8 片。
· 花朵面對的方向也很重要，要是太往側傾，底座及擠花剪的印痕就很容易顯露出來，反而降低整體精緻度。擠花蛋糕不像鮮花組合一樣能自由將花轉向，但是如果稍微讓奶油花傾斜，就可以裝飾出更為逼真的擠花組合。

❀ Pansy

三色堇

在擠三色堇這種同時有兩種顏色的花朵時，要是能準備兩個擠花袋，操作起來會更便利。如果只有一個擠花袋也無妨，只要將顏色依序放入同一個擠花袋中即可。相較於擠花蛋糕所展現出來的精緻與華麗感，其實製作過程需要用到的工具並不多，許多人以為擠花非常費工，其實只是用奶油霜模仿大自然中的花朵，所以不必像工廠機器模子印出來的花朵那樣講求工整，使用的材料與工具也都十分簡單，甚至擠花過程中的容錯率也很高，可見做這件事情有多棒。

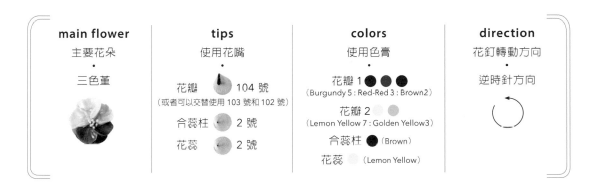

main flower 主要花朵 · 三色堇	tips 使用花嘴	colors 使用色膏	direction 花釘轉動方向 · 逆時針方向
	花瓣 104 號 (或者可以交替使用 103 號和 102 號)	花瓣 1 ●●● (Burgundy 5 : Red-Red 3 : Brown2)	
	合蕊柱 2 號	花瓣 2 (Lemon Yellow 7 : Golden Yellow3)	
	花蕊 2 號	合蕊柱 ● (Brown)	
		花蕊 (Lemon Yellow)	

三色堇擠法

1. 取104號花嘴，手握擠花袋，與花釘表面呈垂直，在花釘上擠出一個圓盤形，作為花朵底座。

2. 將花嘴較寬的那一頭靠在底座中央，擠出第一片紅色花瓣。

3. 利用2片紅色花瓣遮蓋掉將近1/2的花朵底座。

4. 擠出第三片花瓣前，先更換成黃色奶油霜。

5. 將步驟3的兩片紅色花瓣轉向下方，於左上方擠出一片黃色花瓣。

6. 再於步驟5的黃色花瓣右側擠出一片黃色花瓣。

7. 於步驟6的兩片黃色花瓣中央，再擠上一片同色花瓣。

8. 取惠爾通2號花嘴，於花朵中央擠上棕色合蕊柱以及黃色花蕊，即可收尾。

9. 製作完成的三色堇成品。

• KEY POINT •

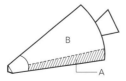

在擠花袋裡先放入奶油霜 B，再用色膏抹刀放入奶油霜 A，製造出雙色漸層效果。

擠花瓣的順序是從 ① 到 ⑤，第 ③、④、⑤ 片花瓣要比 ①、② 來得大。

三色菫
ARRANGE
———

flowers - 三色菫
arrange style - 花環型

·

1. 按照花環型基本組合方法，以花朵數 3-1-3-1 的順序擺放。2. 由於三色菫的花瓣會超出圓盤形底座，所以在蛋糕上進行擠花組合時，要小心避免花瓣推擠變形。3. 如果想以各種顏色擠出三色菫，建議在進行組合時，以同色系來分組擺放。4. 由上而下俯瞰時，花環的寬度要與從側面看時的厚度相近。5. 把想要突顯的花朵擺在最上層，使其更為突出。6. 最後在蛋糕盤上放幾朵花，即可收尾。

advice

· 三色菫的花瓣褶痕多寡介於蘋果花與櫻花之間，先擠上 2 片花瓣，再用另外的顏色擠出剩餘的 3 片花瓣。
· 三色菫建議有顏色漸層會更好看。將擠花袋分成兩個區塊，一邊放入主要顏色的奶油霜，另一邊則放入作為漸層色的奶油霜。
· 由於花朵顏色已經很繽紛，花葉色彩最好單純一點，否則視覺上會顯得雜亂。

❀ Raspberry
覆盆子

有許多學生問過我，「究竟要如何擠覆盆子？」其實覆盆子的擠法很簡單，沒有想像中困難。如果可以知道怎麼用惠爾通 3 號花嘴擠出圓珠狀，那麼就一定可以擠出覆盆子、藍莓、雪果、桑葚等各種莓果以及花苞。奶油霜擠花是只要學會基礎擠法，就有無限應用的可能。所以重點在於多加摸索嘗試，找出能應用發揮的項目。比方，如果學會了擠圓形珍珠狀的方法，那麼不妨試著將它擠得長一點、小一點、大一點。光是這樣，相信就能使你想出無限多種應用的好點子。

main flower 主要花朵	tips 使用花嘴	colors 使用色膏	direction 花釘轉動方向
覆盆子	莓果 3 號	莓果 (Red-Red)	順時針方向

覆盆子擠法 ❶

1. 取惠爾通3號花嘴，手握擠花袋，與花釘表面呈垂直。

2. 在花釘上擠出一個圓球體作為底座。

3. 從圓球頂端開始，擠出一顆一顆小圓點。

4. 沿著底座由上往下擠滿小圓點。

5. 每顆小圓點要圓潤光滑，避免形狀太尖銳。

6. 擠到底部預留2公釐空間，避免以擠花剪搬移作品時受到擠壓破壞。

覆盆子擠法 ❷

1. 在花釘上擠出一個中空的甕形底座。

2. 沿著底座由上往下擠滿小圓點。

3. 製作完成的覆盆子成品。

◆ KEY POINT ◆

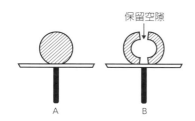

保留空隙

A　B

底座可擠成接近球體的形狀（A），或中空的甕狀（B）。

擠小圓點時，花嘴要接近而不碰觸到底座表面。

擠花剪切入位置

預留擠花剪可取下覆盆子的空間。

覆盆子組合
ARRANGE

—

覆盆子

櫻花

牡丹

flowers – 牡丹、覆盆子、櫻花
arrange style – 延伸半月型

·

1. 從蛋糕表面的 8 點鐘方向開始，往 3 點鐘方向擺花。**2.** 先將牡丹擺放於蛋糕表面。**3.** 所有牡丹都擺妥後，將覆盆子以掉落在蛋糕表面的狀態擺放上去。**4.** 以白色櫻花填補牡丹與覆盆子之間的空隙。**5.** 取惠爾通 352 號花嘴，擠出花葉。**6.** 取惠爾通 3 號花嘴，擠出 1～2 顆零散掉落在周遭的果實。**7.** 由上往下俯瞰，右下方的花朵組合最為厚實，左上方留白。

advice

· 在白色蛋糕表面擺放體積較小、色澤較深的覆盆子或類似花朵時，要留意避免色素互相沾染。

✿ Ruffle Rose

皺褶玫瑰

取名 Cottage Garden 的這款杯子蛋糕組合,是為了滿足一位常客提出的要求而誕生的。那位常客是從我剛做擠花蛋糕時,就經常訂製的顧客。由於先前是以固定一種款式的擠花杯子蛋糕,包裝成 8 個為一組來販售,後來這位熟客提出能否將 8 個杯子蛋糕全做成不同款式的要求,於是我就以不同品種、顏色、大小的花朵進行組合,沒想到竟創造出意想不到的組合氛圍。儘管是同樣的花朵,也會因設計及組合方式不同,而呈現出有別於以往的感覺。現在這組杯子蛋糕,就成了我製作的蛋糕中最具代表性的產品之一。

main flower 主要花朵 • 皺褶玫瑰	tips 使用花嘴	colors 使用色膏	direction 花釘轉動方向
	花瓣　104 號	花瓣 ●●● (Violet 6 · Burgundy 3 : Moss Green1)	逆時針方向
	花蕊　3 號	花蕊 1　(Lemon Yellow)	
	花蕊 2　2 號	花蕊 2 ● (Lemon Yellow 7 : Moss Green 3)	

皺褶玫瑰擠法

1. 以料利用剪刀將杯子蛋糕體表面稍微整平,再將奶油霜抹在蛋糕表面,完整包覆蛋糕體。

2. 取惠爾通104號花嘴,手握擠花袋固定在12點鐘位置。花嘴較寬的一頭靠在奶油霜表面,擠花瓣時,擠出外圍輪廓有褶痕的倒三角形。

3. 握住擠花袋的手保持固定,另一隻手則緩緩轉動杯子蛋糕,擠出相同形狀且連續不間斷的花瓣。

4. 繞完一圈後,第一層花瓣便完成。擠花瓣時,可以用轉盤輔助杯子蛋糕旋轉,會更容易製作。

5. 預備在第一層花瓣的上方1公分左右處，擠出第二層花瓣。

6. 擠第二層花瓣時，擠花袋要略微抬出角度，擠出一圈比第一層稍小的花瓣。

7. 第三層花瓣也依循第二層花瓣的方式擠出。由上往下俯瞰時，每一層花瓣間隔要一致。

8. 第四層花瓣再依第三層花瓣的製作方式擠出。同樣地，每一層花瓣間隔要盡可能保持一致。

9. 擠第四層花瓣時，記得在杯子蛋糕頂端預留直徑1～2公分左右的圓形空隙。

10. 取惠爾通3號花嘴，在杯子蛋糕頂端預留的空隙擠上圓扁形花蕊1。

11. 取惠爾通2號花嘴，沿著花蕊1的外圍轉兩圈，擠上圓滾的迷你花蕊2。

12. 製作完成的皺褶玫瑰。

KEY POINT

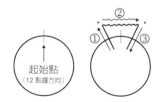

從杯子蛋糕12點鐘方向開始擠出花瓣。① 與 ③ 以直線擠出，② 則是邊轉動杯子蛋糕（或轉盤），邊擠出褶紋。
在紅點處要暫停擠奶油霜，並變換手勢方向。

花瓣位置要高於杯子蛋糕的紙杯約1公分左右。

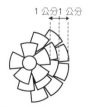

每一層花瓣之間的間隔要一致，皆為1公分左右。

皺褶玫瑰組合
ARRANGE
———

蘋果花

迷你玫瑰

菊花

皺褶玫瑰

山茱萸

櫻花

山茶花

西洋松蟲草

flowers - 皺褶玫瑰、蘋果花、櫻花、山茶花、西洋松蟲草、迷你玫瑰、山茱萸、菊花

arrange style - 杯子蛋糕

advice

· 第一片花瓣不能擠得過長，否則時間久了，奶油霜會向下垂，與其他擠花成品擺在一起時，也容易顯得只有皺褶玫瑰非常大朵，會有些突兀。

· 從杯子蛋糕表面外圍開始，往中心擠出一層又一層的花瓣。花瓣的角度愈靠近中央要愈趨垂直。

❀
Chrysanthemum
菊花

先前指導我擠花技術的老師，總會在凌晨 12 點去逛花市，因為接近開市時間，才能看到正盛開的嬌滴花朵。我想，奶油霜擠花的好處，就在於無時無刻、隨時隨地都能讓花盛開吧。就連花朵顏色，也可以隨自己喜好調配創造，不論是讓花朵內側染上鮮紅色澤，或是讓花瓣邊緣滾上深色，甚至變出現實世界不存在的花朵。菊花正是一種適合以各種顏色製作的花朵，但儘管並不和鮮花一模一樣，也要盡可能呈現出栩栩如生的姿態。

| main flower
主要花朵
•
菊花 | tips
使用花嘴
•
花瓣　81 號
花蕊　2 號 | colors
使用色膏
•
花瓣 ●●●
(Burgundy 6：Red-Red 3：Violet1)
花蕊　(Lemon Yellow) | direction
花釘轉動方向
•
順時針方向 |

菊花擠法

1. 取惠爾通 81 號花嘴，手握擠花袋，與花釘表面呈垂直。

2. 在花釘上擠出一個圓錐體，作為花朵底座。

3. 在底座頂端預留直徑 1 公分左右的空間，擠上第一片花瓣。花瓣要緊貼圓錐，約傾斜 15 度向上拉提，擠到預計的花瓣長度為止。

4. 擠出5～6片花瓣，完成第一層。

5. 花嘴緊貼在第一層花瓣下方並靠緊圓錐底座，擠出第二層花瓣。愈接近花瓣末端，擠花力道就要愈輕。

6. 外層花瓣要愈來愈細長，花朵也隨著向外盛開，每一片花瓣都必須緊臨相連。

7. 花瓣要擠到底座徹底被覆蓋為止。

8. 由上往下俯瞰時，整朵花要呈圓形。記得適度調整花瓣的對稱度與均衡度。

9. 取惠爾通2號花嘴，於花朵中央預留的空間擠上花蕊即完成。

· KEY POINT ·

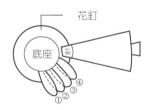

花朵底座的頂端要平坦，才便於擠上花蕊。花瓣 ① 的角度接近直立，擠到花瓣 ④ 時，傾斜角度愈漸向外，花瓣長度也逐漸加長。從側面看上去，花瓣末端則越來越低。

擠花瓣時，擠花袋的位置固定在花釘的 3 點鐘方向，讓花嘴編號朝上，每一片花瓣都要和前一片花瓣的右側邊緣稍微交疊。

每一次都要將花嘴口緊貼圓錐，再向上擠出花瓣。到達預計的花瓣長度後，就停止再向上拉提，不再擠壓擠花袋。

菊花組合
ARRANGE

———

菊花

千日紅

海芋

山茶花

flowers – 菊花、山茶花、海芋、千日紅
arrange style – 花環型

.

1. 沿著蛋糕表面設定 3 處基準點。**2**. 將 3～4 朵菊花湊成一組，總共 3 組，分別擺放在 3 個基準點上。**3**. 可以將顏色相近的菊花設定為一組，再以漸層色的花朵向兩側擺放。**4**. 在菊花旁依序放上山茶花和海芋，為花環增添豐厚度。**5**. 再於花環上放幾朵菊花，增加圓弧立體感。**6**. 加上花葉，最後放上千日紅點綴。**7**. 在必要的地方直接擠上果實，即可收尾。

advice

· 菊花和玫瑰花的擠法相同，同樣是先擠出圓錐形底座，再擠上花瓣。愈往下花瓣的角度愈向外盛開，只是兩者使用的花嘴不同。

· 擠花瓣時，花嘴口要緊貼圓錐，不馬上拉出花瓣，而是稍微在起始點停一下，讓奶油霜緊緊黏在圓錐上，才不會容易下垂。

· 假如想呈現花朵盛開的模樣，可以將圓錐頂端抹平，預留擠花蕊的空間，並將第一片花瓣擠得向外開展一些。反之，如果想呈現花朵含苞待放的模樣，則可將花瓣盡量往圓錐收攏，使圓錐頂端被花瓣徹底包覆。

Camellia
紅山茶花

猶記某年冬天，連續好幾天的嚴寒氣候導致家中盆栽幾乎全部枯萎，唯有一盆花不畏寒風，在陽台上一枝獨秀，就是紅山茶花。我印象很深刻，當時看著它獨自盛開綻放的模樣，心中不免有些欣慰，甚至替它感到驕傲。擁有鮮豔色澤的紅山茶花，建議花葉可選用深綠色來搭配，以襯托出花朵的艷麗嬌美。雖然紅色是山茶花的代表色，但是換成其他顏色來製作也會很美。利用紅配綠的顏色組合紅山茶花時，蛋糕體抹面的奶油霜建議別選用白色，否則很容易變成聖誕節款式。可以使用中間色、彩度較低的奶油霜抹面。

main flower	tips	colors	direction
主要花朵	使用花嘴	使用色膏	花釘轉動方向
紅山茶花	花瓣 104 號 花蕊 2 號	花瓣 (Red-Red) 花蕊 (Lemon Yellow 5 : Golden Yellow 5)	順時針方向

紅山茶花擠法

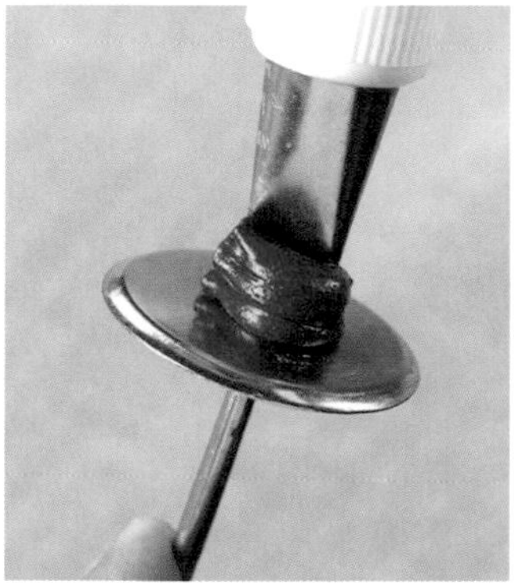

1. 取104號花嘴，手握擠花袋，與花釘表面呈垂直，並擠出一個圓柱形作為花朵底座。

2. 花嘴口較寬的那一頭靠在花心側面中間高度的位置，擠出第一片花瓣。

3. 此時，花瓣要以畫拋物線的手勢擠出，且高於圓柱底座。

4. 以相同方式共擠出3片形狀一致的花瓣。

5. 第一層花瓣完成。

6. 以第一層花瓣的擠法,再擠出3片花瓣作為第二層。第二層花瓣要比第一層向外開展一些。

7. 從側面看上去,花瓣要徹底包覆圓柱底座。

8. 取惠爾通2號花嘴,在花朵中央擠上花蕊,即可收尾。

9. 製作完成的紅山茶花成品。

◆ KEY POINT ◆

花瓣要像玫瑰花一樣,以畫拋物線的手勢擠出。

圓柱底座要擠得比玫瑰花的底座矮短,且頂部要平坦。花瓣 ① 是從圓柱側面中間高度的位置開始擠出,以畫拋物線的手勢,向上擠到高於圓柱才停下。花瓣 ② 是將花嘴口較寬的那一頭緊貼在圓柱底部接著擠出。

完成後,從側面看上去整朵花要呈扇形。

紅山茶花組合
ARRANGE
——

flowers – 紅山茶花
arrange style – 花環型
·

1.沿著蛋糕表面設定 4 到 5 個基準點,但注意不要變成正五角形。**2.**將 3 ～ 4 朵不同大小的紅山茶花湊成一組,總共 4 或 5 組,分別擺放在各個基準點上。**3.**雖然是花環型組合,但是不需要將花環布置得花團錦簇,可保留一點空隙。**4.**進行擠花組合時,也可同時擺上花葉。**5.**在各基準點做出高低落差,使花環更為立體。**6.**在蛋糕盤上放幾朵紅山茶花,或者擠上 1 ～ 2 片花瓣,營造出花瓣不經意掉落在一旁的感覺。**7.**在蛋糕上直接擠上花苞,即可收尾。

advice
· 就好比一棵樹上的花朵不會同時盛開,擠花時,記得適當調整花朵的盛開程度和花朵大小,以增添花環的層次感。

進階擠花蛋糕

❀
Peony
牡丹

透過網路訂購烘焙工具或材料，廠商有時會附送一些贈品寄來。某天拆開包裹時，發現裡頭附送了一個花嘴，比平時使用的尺寸大了將近一倍，於是我試著用它來擠牡丹，沒想到獲得粉絲們熱烈迴響。因為過去從未出現如此立體的大型花朵，不僅花瓣波紋明顯，花型還很飽滿，甚至有外國朋友指定要學這朵牡丹的擠法。後來由於這款花嘴沒有存貨了，不得不請廠商特別訂製。多虧那次的贈品，這款取名為「Olli Peony」的擠花蛋糕至今依然廣受好評，受到許多顧客的支持與喜愛。

main flower	tips	colors	direction
主要花朵	使用花嘴	使用色膏	花釘轉動方向
·	·	·	·
牡丹	花瓣 ● Olli 花嘴	花瓣 ●●● (Red-Red 7 : Burgundy 2 : Moss Green 1)	順時針方向

牡丹擠法

 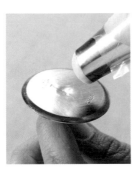  

1. 手握擠花袋，與花釘表面呈45度角。

2. 擠出一個紮實的圓錐形，奶油霜要確實填滿所有空隙，作為底座。

3. 花嘴口緊貼在圓錐側面中間高度的位置，開始擠出第一片花瓣。

4. 擠花瓣時，要以畫拋物線的手勢擠出，拋物線頂端則要製造出波紋。

5. 波紋要盡可能細緻，呈不規則狀。

6. 擠出下一片花瓣時，要與上一片花瓣交疊約2/3面積。

7. 擠花瓣時，花嘴由11點鐘移動至1點鐘方向。

8. 從側面看，底部要預留一點點未被花瓣覆蓋的圓錐底座。

9. 起初的2～3片花瓣要緊貼圓錐，往中央靠攏。接下來的花瓣則可將花嘴角度稍微躺平，擠出花瓣漸漸向外開散的效果。

10. 收尾的幾片微開的花瓣，要將花嘴由9點往1點鐘方向邊移動邊擠出。

11. 中央呈含苞狀，從花瓣中間層才慢慢展開。

12. 製作完成的牡丹成品。

KEY POINT

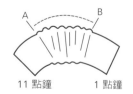

11 點鐘　　　　1 點鐘

擠牡丹花時，手握擠花袋的方向要使花嘴呈 A 的角度。製作微微向外展開的花瓣時，要以 B 的花嘴角度進行。而花苞或向內包覆的花瓣，則要以 C 的花嘴角度擠出。

從 A 點擠到 B 點時，要同時製造出波紋，記得讓波紋呈不規則狀。

牡丹組合
ARRANGE

—

flowers – 牡丹
arrange style – 小圓頂型

·

1. 將蛋糕體表面的奶油霜整平。**2**. 在蛋糕表面左上方擠出一座奶油山。**3**. 沿著奶油山外圍,以逆時針方向將牡丹一朵一朵放上去。**4**. 擺完一圈後,於奶油山中央再擠上適量奶油。**5**. 以步驟三的方式,沿著第二層奶油外圍擺上牡丹。**6**. 將預先擠好的花葉插放在花與花之間。

· 完成擠花組合時,蛋糕表面要呈現宛如放了一束捧花般的效果。
· 如果讓小圓頂的一側稍微超出蛋糕邊緣,會顯得更華麗高貴。
· 隨著花嘴的角度不同,可以擠出成千上萬種從含苞到盛開的花朵生長階段。
· 若要製作完全盛開的牡丹,只要將花朵中央預留一個小圓空間,擠上花蕊即可。若要製作牡丹花苞,則只要在擠完花苞後,繼續利用套著牡丹花嘴的擠花袋,填入綠色奶油霜,擠出花萼包覆於花苞外即可。

Orchid
蝴蝶蘭

我們的工作室從安養市坪村一帶搬到東邊村這一區時，就是以這款擠花蛋糕與家人一同慶祝的。蘭花不僅帶有祝賀的意涵，視覺上也典雅大方，美味程度更是沒話說。後來只要有客人想訂購開幕賀禮，我就會推薦這款蛋糕，客人們也都很滿意。各位不妨試著親手製作這款蛋糕，代替真正的鮮花盆栽作為禮物，贈送給重要的對象。相信收到禮物的主角以及在場的所有人，都會為之驚艷。而擠花蛋糕顧名思義是美艷花朵的同時，也是美味蛋糕。

main flower 主要花朵	tips 使用花嘴	colors 使用色膏	direction 花釘轉動方向
・	・	・	・
蝴蝶蘭 	花瓣 1  104 號 花瓣 2  81 號 花蕊  2 號	花瓣 1 ◯（White） 花瓣 2 （Lemon Yellow） 花蕊 （Lemon Yellow）	逆時針方向 ↺

蝴蝶蘭擠法

1. 取惠爾通104號花嘴，在花釘上擠出3～5公釐厚的圓盤形，作為花朵底座。

2. 將花嘴口較寬的那一頭靠在花朵底座中央，擠出第一片花瓣。

3. 花瓣要呈葉片形，兩側線條圓潤，上下兩端稍尖。

4. 擠好3片花瓣後，第一層花瓣便完成。

5. 在花朵中心擠上一個小圓盤形，作為中間底座。

6. 第二層的第一片花瓣，同樣從中間底座的正中央開始擠出。

7. 擠花瓣時，花瓣中間做出波紋。

8. 在步驟6的花瓣兩側各擠上一片花瓣，製造出如蝴蝶翅膀的模樣。

9. 取惠爾通81號花嘴，手握擠花袋，從花朵中央擠出2片小花瓣。

10. 再擠一片從中間底座延伸出的小花瓣。

11. 套上惠爾通2號花嘴，擠上花蕊，即可收尾。

12. 製作完成的蝴蝶蘭成品。

蝴蝶蘭組合
ARRANGE
———

flowers – 蝴蝶蘭
arrange style – 半月型
·

1. 以左上方為中心點，在蛋糕表面擠出一座新月形的奶油山，將花朵由前往後依序擺放。
2. 在新月形的前、中、後，依序放置小型、中型、小型花朵。3. 面朝外的花朵要比面朝內的花朵大。4. 進行擠花組合時，注意花與花之間不要擠壓到花瓣。5. 花朵擺成新月形之後，再將空隙處補滿，使擠花組合更為立體。6. 最後放上花苞、花葉，即可收尾。

advice
· 為了呈現蝴蝶蘭宛如插放在大理石花器裡的效果，建議蛋糕體以淺灰色奶油霜抹面，和潔白如雪的蝴蝶蘭搭配。花葉部分可選用偏暗的墨綠色，以襯托出花朵的白。

✿ Magnolia
木蓮花

雖然木蓮也有紫色的，但是我總覺得清秀高雅的白木蓮更令人著迷。木蓮花的特色是先開花，花葉會在花朵快凋謝時才生長得更茂密。因此，製作擠花蛋糕時，也建議盡可能以多放花朵、少放花葉的方式進行組合。相較於櫻花或玫瑰，木蓮花的花瓣較厚，為了突顯木蓮花花瓣彷彿絨布般的質感，通常在組合時，我不會再搭配其他花種，將舞台全交由木蓮花展現。

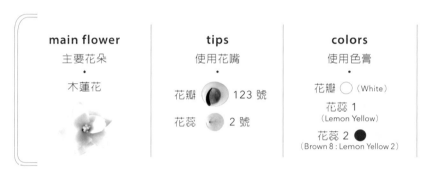

| main flower 主要花朵 · 木蓮花 | tips 使用花嘴 · 花瓣 123 號 花蕊 2 號 | colors 使用色膏 · 花瓣 ○（White） 花蕊 1 （Lemon Yellow） 花蕊 2 ● （Brown 8 : Lemon Yellow 2） | direction 花釘轉動方向 · 逆時針方向 |

木蓮花擠法

1. 取惠爾通123號花嘴，手握擠花袋，與花釘表面呈垂直。

2. 在花釘上擠出3～5公釐厚的圓盤形，作為花朵底座。再將花嘴口較寬的那一頭靠在底座中央，擠出第一片花瓣。

3. 花嘴由11點鐘往1點鐘方向移動擠出花瓣，花瓣末端要呈尖角。

4. 總共擠出 5 片花瓣後，第一層花瓣便完成。

5. 第二層花瓣也是從花朵中央開始擠出。

6. 稍微豎起花嘴角度，擠出3 片比第一層略小的花瓣。

7. 從側面看，花瓣不可以貼平在花釘上，要向上延伸。

8. 取惠爾通 2 號花嘴，手握擠花袋，擠上兩種顏色的花蕊，即可收尾。

9. 製作完成的木蓮花成品。

· KEY POINT ·

將擠花袋垂直於花釘表面，再接著開始擠出花瓣。

為了使花瓣末端呈尖角，擠完一片花瓣準備要停手時，擠花袋要稍微向下傾斜。

木蓮花組合
ARRANGE

木蓮花

金槌花

flowers – 木蓮花、金槌花
arrange style – 半月型

1. 以左上方為中心點，擠一座新月形奶油山於蛋糕表面，然後將花朵由前往後依序擺放。**2.** 在新月形的前、中、後位置，依序放置小型、中型、小型花朵。**3.** 面朝外的花朵要比面朝內的花朵大。**4.** 進行擠花組合時，注意花與花之間花瓣不要互相擠壓。**5.** 先將花朵擺成新月形，再於空隙處填補花朵，使擠花組合更為立體。**6.** 放上金槌花之後，再以花苞、花葉點綴，即可收尾。

advice

· 如果想擠出像鮮花一樣大的尺寸，花瓣必須擠得更為硬挺牢固。將花嘴口緊貼底座，不要馬上拉出花瓣，而是稍微在起始點停一下，製作出較厚的花瓣，這樣就能擠出體型較大、花瓣傾斜的木蓮花。

· 先取惠爾通 3 號花嘴，擠出花梗，然後再將花擺上，使花梗在花朵當中若隱若現。另外，放上幾顆含苞待放的花苞，會更逼真自然。

· 像木蓮花這種花朵，比起組合成滿版盛開型，更適合半月型組合。蛋糕表面留白的簡約美，散發出純潔典雅的氣息。

✿ Frangipani
雞蛋花

當年，我和丈夫的蜜月之旅是選在峇里島，當地的住宿設備、服務都令我們十分滿意，尤其當地的造景更令我印象深刻。那裡有許多在韓國很少見的樹木和花朵，其中最常見的非雞蛋花莫屬。從抵達峇里島下榻飯店，就有服務人員為我們套上用雞蛋花串成的長長花圈。浴室內整齊捲放的白色浴巾上，也放了一朵可愛的雞蛋花。庭院、游泳池周圍更是到處開滿著雞蛋花，散發一股淡淡的迷人香氣。雖然它的外型與顏色都很單純，卻是足以勾起海島度假的美好記憶，再適合夏天不過了。

main flower	tips	colors	direction
主要花朵	使用花嘴	使用色膏	花釘轉動方向
•	•	•	•
雞蛋花	花瓣 104 號	花瓣 ◯（White） 花瓣漸層 （Lemon Yellow）	逆時針方向

雞蛋花擠法

1. 取惠爾通104號花嘴，手握擠花袋，與花釘表面呈垂直。

2. 在花釘上擠出3～5公釐厚的圓盤形，作為花朵底座。

3. 將花嘴較寬的那一頭靠在花朵底座中央，擠出第一片花瓣。

4. 花瓣要呈葉片形,兩側線條平滑圓潤,上下末端稍尖。

5. 第二片花瓣要緊貼在第一片花瓣旁邊擠出。

6. 按照第二片花瓣的擠法,擠出接下來的3片花瓣。

7. 花瓣大小盡量一致。

8. 總共擠好5片花瓣後便可收尾。

9. 製作完成的雞蛋花成品。

• KEY POINT •

錯誤示範 　　　　正確示範

花瓣中央要以螺旋狀交扣。

錯誤示範 　　　　正確示範

花瓣的末端要呈尖角,且不能有褶痕。

雞蛋花組合
ARRANGE
—

flowers – 雞蛋花
arrange style – 花環型
·

1. 按照花環型基本組合方法,以花朵數 3-1-3-1 的順序擺放。2. 蛋糕表面擺好花朵,再於空隙處增添花朵,但是要記得高低錯落著擺放。3. 由上而下俯瞰時,花環的寬度要與從側面看的厚度相似。4. 擺妥所有花朵後,再放上預先擠好的花葉。5. 花葉建議稍微超出蛋糕體邊緣,會更漂亮。6. 取惠爾通 3 號花嘴,擠上幾粒果實,即可收尾。

advice
· 雞蛋花是只靠白與黃兩種顏色組成的花朵,比起用其他顏色的蛋糕盤來盛裝,不如選用純白色蛋糕盤,更能突顯雞蛋花的美麗色彩。
· 將花葉調成墨綠色,與花朵呈明顯對比,展現盛夏氣息。

❀ Donarium Cherry
八重櫻

當櫻花的花瓣開始一片片掉落，如雪花在空中飛舞時，八重櫻的身影接著就會映入我們的眼簾。不曉得是因為八重櫻的開花期在櫻花之後，還是我們的目光先被充滿著春日氣息的櫻花所吸引，直到它凋零才注意到八重櫻，不得而知。八重櫻的花瓣比櫻花來得大一些，顏色也較深，花瓣層層堆疊。和櫻花的擠法、花瓣形狀相同，但使用的花嘴型號不同。櫻花是用惠爾通102 號花嘴，八重櫻則使用 104 號，擠出兩層花瓣即可。如果想營造出更為豐厚飽滿的八重櫻，也可自行加上第三層花瓣。

main flower 主要花朵 · 八重櫻	tips 使用花嘴 ·	colors 使用色膏 ·	direction 花釘轉動方向 ·

花瓣　104 號

花蕊　2 號

花瓣 ● ● ●
(Burgundy 9 : Violet 0.5 : Moss Green 0.5)

花蕊
(Lemon Yellow)

逆時針方向

八重櫻擠法

1. 取惠爾通104號花嘴，在花釘上擠出3～5公釐厚的圓盤形，作為花朵底座。

2. 將花嘴較寬的那一頭靠在花朵底座中央，擠出第一片花瓣。

3. 擠出的花瓣要呈現外圍有褶痕的倒三角形。

4. 總共擠出5片花瓣,第一層花瓣便完成。

5. 從側面看上去,花瓣不可以貼平在花釘上,要向上延伸。

6. 第二層的第一片花瓣,也要從花朵中央開始擠出。

7. 比起第一層花瓣,花嘴要稍微豎直,擠出較小的5片花瓣。

8. 取惠爾通2號花嘴,擠上花蕊便可收尾。

9. 製作完成的八重櫻成品。

→ • KEY POINT • ←

在 B 與 C 的範圍之間擠出奶油霜,並移動方向擠出皺褶。A-B 與 C-D 這兩側線條要平直,避免出現褶痕。A 點與 D 點可以不必貼合。

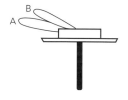

A 與 B 花瓣都要黏在花朵底座表面,B 花瓣要比 A 花瓣小,角度也要更靠近中央,稍微將花嘴角度豎直擠出。

八重櫻組合
ARRANGE
—

櫻花

八重櫻

flowers – 八重櫻、櫻花
arrange style – 半月型

·

1. 以左上方為中心點，擠一座新月形奶油山於蛋糕表面，然後將花朵由前往後依序擺放。
2. 建議可以多擠一些不同花瓣層數及大小的八重櫻。3. 先將擠好的八重櫻擺在蛋糕上，再用較小的八重櫻或櫻花來填補空隙，以調整整體組合的平衡。4. 組合完成，再將事先擠好的花葉擺放上去。5. 在蛋糕盤上用 1～2 朵八重櫻點綴，便可收尾。

advice

· 擠花瓣時，握著擠花袋的那隻手，以畫豬尾巴的方式轉動，就可以擠出八重櫻花瓣上的褶紋。
· 組合完花朵後，如果找不到地方加花葉，也可更改組合順序，先放花葉再放花朵。
· 避免將花葉的尖端朝向蛋糕正面。

❀
Pompon Chrysanthemum
繡球菊

宛如棉花般聚集成團的繡球菊，坦白說我一開始對它並不感興趣。因為原先我對花朵抱有既定想法，認為花應該要輕盈飄逸才美麗。可是繡球菊看上去像一顆球，實在是不太像花。後來在某一次偶然間看見用繡球菊與其他花朵組成的捧花，才終於看懂了它的美，開始研究如何用奶油霜擠製。其實在組合時，只要將繡球菊和其他同樣具分量感的圓形花朵搭配，就能營造出豐盈華麗的效果。

main flower	tips	colors	direction
主要花朵	使用花嘴	使用色膏	花釘轉動方向
·	·	·	·
繡球菊	花瓣 ⬤ 81 號	花瓣 ◯（White）	順時針方向

繡球菊擠法

1. 取81號花嘴，手握擠花袋，與花釘表面呈垂直。

2. 在花釘上擠出一個圓球形，作為花朵底座。

3. 在花朵底座頂端擠出第一片花瓣。

4. 向上擠到預計的花瓣長度
為止。

5. 變換花嘴角度，在花朵底
座上擠出層層茂密的花
瓣。

6. 每一片花瓣都朝不同方向
延伸，就能做出漂亮又自
然的形狀。

7. 手、花嘴、花釘最好能夠稍
微轉動傾斜，讓花瓣向四
面八方延伸。但要是過度
傾斜花釘，花朵很可能會
因此掉落，需小心注意。

8. 擠成圓形球體而非圓錐
形。

9. 製作完成的繡球菊成品。

• KEY POINT •

花朵底座要擠成圓球形，花瓣則藉由
不停轉動花嘴及花釘的方向，不規則
地擠出。

注意避免將花朵底座擠成上圖這樣的
形狀。

繡球菊組合
ARRANGE
——

金槌花

繡球菊

牡丹

薔薇

flowers - 繡球菊、薔薇、牡丹、金槌花
arrange style - 滿版盛開型
·

1. 在蛋糕表面中央堆一座奶油山。2. 由左往右擺放花朵。3. 組合花朵時，記得考量繡球菊、薔薇、牡丹的顏色與花朵大小。4. 主要花朵是繡球菊，假如混入太多其他品種的花朵，會使主題失焦。5. 花朵組合完畢，再加上花葉。6. 在花朵與花葉之間放上幾朵金槌花。7. 在蛋糕盤上點綴幾片花葉作為裝飾，即可收尾。

advice

· 繡球菊本身就是個頭比較大的花，所以在一開始將花朵底座擠得稍有分量是重點。
· 花朵底座要擠成球形，這麼一來，擠上花瓣後，花朵的形狀就會圓滾漂亮。
· 要注意的是，別將花瓣擠得過長。

❀ Ranunculus

陸蓮花

在拉丁文裡，Ranunculus 意指「小青蛙」，我猜可能是因為這朵花生長在濕地，所以才這樣命名。陸蓮花的花苞十分小巧，被薄透的花瓣層層包覆，盛開時，會變成爭妍鬥豔、美麗動人的花朵。不過，這裡我所示範的奶油霜陸蓮花，是含苞待放的狀態，所以並沒有做出太大的尺寸。先在最裡面擠上綠色，再以其他顏色層層包覆，會更為逼真。花朵底部如果擠得夠圓，進行蛋糕組合裝飾時，效果就會更自然。

main flower	tips	colors	direction
主要花朵	使用花嘴	使用色膏	花釘轉動方向
•	•	•	•
陸蓮花	花瓣　Olli 花嘴	花瓣 ●●● (Violet 6：Red-Red 3：Burgundy 1) 花瓣漸層 ○ (White)	順時針方向

陸蓮花擠法

1. 在套上 Olli 花嘴的擠花袋中，先填入混合了三種顏色的奶油霜，再填入白色奶油霜。

2. 手握擠花袋，與花釘表面呈 45 度角，準備在花釘上擠出花朵底座。

3. 擠出一個圓球形作為底座，記得要用力擠出奶油霜，使其飽滿毫無空隙。

4. 將花嘴靠在圓球形底座側面中間高度的位置,向上擠出花瓣。

5. 在花瓣末端交疊處留下一個小開口,完成第一層花瓣。

6. 花嘴稍微下降到接近圓球形底部,連續擠出接下來的花瓣。

7. 注意,花瓣要堆疊出層次感,必須視情況調整花瓣的高度、間隔與角度,不能完全和內層花瓣緊貼。

8. 從側面看上去,上下兩端較往內縮。

9. 製作完成的陸蓮花成品。

• KEY POINT •

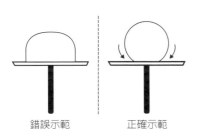

錯誤示範　　　　正確示範

花朵底座要呈圓球形。

11 點　　　　1 點

擠花瓣時,花嘴要從 11 點往 1 點鐘方向,以畫拋物線的手勢移動擠出奶油霜。

起始點

第一片花瓣要從花心側面中間高度的位置開始擠出,花瓣頂端則注意避免交疊在一起,必須保留一個開口。

陸蓮花組合
ARRANGE
———

陸蓮花　　　　　　　　　　　　　　　紫羅蘭

櫻花

迷你玫瑰

康乃馨

flowers – 陸蓮花、康乃馨、紫羅蘭、迷你玫瑰、櫻花
arrange style – 半月型

.

1. 以左上方為中心點，擠一座新月形奶油山於蛋糕表面，然後將花朵由前往後依序擺放。
2. 在新月形的前、中、後位置，依序放置小型、中型、小型花朵。**3.** 先將碩大飽滿的陸蓮花和康乃馨擺上。**4.** 再將紫羅蘭、迷你玫瑰、櫻花等插放在陸蓮花之間，將整體形狀修飾得更為柔和自然。**5.** 將事先擠好的花葉擺放於適當位置。**6.** 取惠爾通 3 號花嘴，直接在蛋糕表面擠上花苞，即可收尾。

advice

· 要是一開始就把花朵擺得太滿，最後會找不到空間擺放作為點綴的花，而少了畫龍點睛的效果。因此，進行花朵組合時，最好在花與花之間保留一點空隙。
· 進行半月型組合時，記得面朝外的花朵要比面朝內的花朵大。

❀
Lotus Flower
蓮花

出淤泥而不染，筆直豎立在池水中央的高雅蓮花，縱使帶有一點宗教色彩，但是它的優雅色澤及清新脫俗的氣質，是我最欣賞的地方。用奶油霜擠蓮花時，各位可能會發現能表現的效果有限。當然，其他花朵品種可能也會遇到同樣的問題，既然如此，我們就要懂得取捨，大膽省略掉不重要的環節，專注在該朵花的特色，將特色放大才是關鍵。

main flower	tips	colors	direction
主要花朵	使用花嘴	使用色膏	花釘轉動方向
•	•	•	•
蓮花	花瓣 120 號	花瓣 ● ● (Red-Red 8 : Moss Green 2)	逆時針方向
	花蕊 2 號	花蕊 (Lemon Yellow)	

蓮花擠法

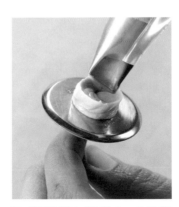

1. 取惠爾通120號花嘴，手握擠花袋，與花釘表面呈垂直。

2. 在花釘上擠出3～5公釐厚的圓盤形，作為花朵底座。

3. 花嘴較寬的那一頭靠在花朵底座中央，由11點鐘往1點鐘方向移動，擠出一片末端較尖的花瓣。

4. 擠出6～7片花瓣後,第一層花瓣便完成。

5. 第二層的第一片花瓣同樣從花朵中央開始擠出。

6. 第二層花瓣要比第一層小,角度也必須稍微豎直立起。

7. 擠出5～6片花瓣後,第二層花瓣便完成。依照花瓣大小,擠出2～3層花瓣。

8. 取惠爾通2號花嘴,擠出花蕊,即可收尾。

9. 製作完成的蓮花成品。

KEY POINT

愈上層的花瓣愈小,角度也愈接近垂直。

錯誤示範　正確示範

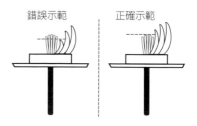

花蕊的高度一定要比花瓣低。

蓮花組合
ARRANGE
—

flowers – 蓮花
arrange style – 延伸半月型

·

1. 在蛋糕表面設定 3 個基準點。**2**. 在 3 個基準點上擺放圓扁形的蓮花葉。**3**. 先將較大朵的蓮花擺在蓮花葉上，再擺放較小的蓮花。**4**. 組合蓮花時，注意不要將每一朵蓮花都朝上，可以將花朵方向稍作調整，效果會更逼真自然。**5**. 再放上 1、2 朵蓮花花苞。**6**. 最後在蛋糕盤上放幾片蓮花葉與蓮花，即可收尾。

advice
· 如果用蛋糕抹面的奶油霜擠蓮花梗，就能夠營造出宛如蓮花浮在水面的效果。
· 蓮花葉可以用惠爾通 104 號或 127 號花嘴製作。
· 擠花瓣時，花嘴口要貼平花釘，然後向上 90 度擠出奶油霜。花瓣末端要是尖的，形狀近似三角形。
· 花瓣數沒有固定，可自行調整變化。

Hibiscus
扶桑花

只要提到「夏威夷之花」，相信大部分的人馬上都會聯想到扶桑花。其實仔細觀察外型，扶桑花和韓國的國花「木槿」十分相似，只是顏色不同罷了，而兩者呈現出來的氛圍卻大相逕庭。扶桑花的形體呈漏斗狀，街道上經常可見的碧冬茄以及凌霄花也是。由於扶桑花屬於夏季花，所以我用了強烈鮮明的色彩來製作，為了襯托出花朵的豔麗，花葉顏色也刻意調得暗一些，搭配的素材則盡量使用原色，營造出花朵嬌豔欲滴的樣貌。

main flower 主要花朵	tips 使用花嘴	colors 使用色膏	direction 花釘轉動方向
扶桑花	花瓣 104 號 花蕊 2 號	花瓣 (Lemon Yellow 4 : Golden Yellow 4 : Rose 2) 花蕊 (Lemon Yellow)	逆時針方向

扶桑花擠法

1. 取惠爾通104號花嘴，手握擠花袋，與花釘表面呈45度。

2. 在花釘表面擠上一個漏斗形的花朵底座。

3. 將花嘴口靠在稍微高於花朵底座起始點的位置。

4. 以順時針方向再擠一圈（花釘朝逆時針方向轉），做出外層底座。

5. 外層底座同樣擠成上寬下窄的漏斗形。

6. 將花嘴口較寬的那一頭緊貼在底座內緣，擠出第一片花瓣。

7. 沿著漏斗形底座，向上擠出花瓣。

8. 當花瓣擠到高出底座的位置時，稍微轉動花嘴角度做出一個圓弧形，使花瓣朝上敞開。

9. 左手旋轉花釘，右手由左往右擠出有褶痕的花瓣，花嘴回到花朵中央位置前，先停止擠奶油霜。

10. 總共擠出5片花瓣。

11. 從側面看上去，也要呈漏斗狀。

12. 取惠爾通2號花嘴，在花朵中央擠上花蕊，即可收尾。

扶桑花組合
ARRANGE
—

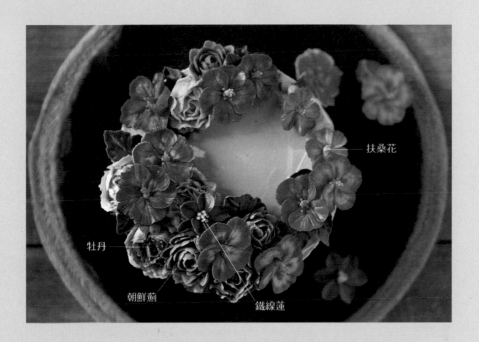

flowers – 朝鮮薊、牡丹、扶桑花、鐵線蓮
arrange style – 半月型

·

1. 擠一座新月形奶油山於蛋糕表面,然後將花朵由前往後依序擺放。**2.** 先將朝鮮薊擺上,再擺上牡丹花,排列出基本組合形狀。**3.** 接著將扶桑花以體積大、中、小為順序,擺放於蛋糕表面。**4.** 插上 1～2 朵鐵線蓮點綴裝飾。**5.** 取惠爾通 3 號花嘴,在蛋糕表面擠上果實,並放上花葉。

advice

· 扶桑花蛋糕強調蛋糕體抹面的粗糙感,先用奶油霜均勻塗抹於蛋糕表面後,再用修角抹刀增添紋路。
· 扶桑花的花瓣和櫻花一樣,要做出有褶痕的倒三角形,而花朵中央像漏斗一樣向內凹陷,所以進行花朵組合時會更有立體感。
· 如果用兩種顏色進行混色,使花瓣的內側與外緣呈現漸層,會更華麗。
· 建議先擺上像牡丹或朝鮮薊這類形體較圓潤的花朵,再擺放扶桑花或鐵線蓮這種相對扁平、花瓣輕盈的花朵。

❀
Zinnia
百日紅

百日紅，因為會紅艷盛開長達百日而得名，一般從夏初到夏末都能見著其身影。由於這朵花隨處可見，所以過去我並未多加留意，總是與它擦身而過，直到最近，發覺它的色澤十分復古美麗，才引起了我的注意。近年來，不論什麼花，多少都會進行一些品種改良，花朵形狀和顏色都變得比以往豐富多樣，在用奶油霜擠花時，稍微讓它們帶有一些差異也會更加自然，尤其像百日紅這種花瓣較多的花朵，如果將花瓣長度擠得長短不一，反而更生動逼真。

main flower 主要花朵 • 百日紅	tips 使用花嘴 •	colors 使用色膏 •	direction 花釘轉動方向 • 逆時針方向
	花瓣 1 104 號 花瓣 2 ⬤ 81 號 花蕊 1 ✦ 16 號 花蕊 2 2 號	花瓣 1 ●●● (Burgundy 6 : Violet 3 : Moss Green 1) 花瓣 2 ●● (Lemon Yellow 7 : Moss Green 3) 花蕊 1 ●● (Red-Red 7 : Brown 3) 花蕊 2 (Lemon Yellow 6 : Golden Yellow 4)	↺

百日紅擠法

1. 取104號花嘴，手握擠花袋，與花釘表面呈垂直。

2. 在花釘上擠出一個3～5公釐厚的圓盤形，作為花朵底座。

3. 將花嘴口較寬的那一頭靠在花朵底座中央，擠出第一片花瓣。

4. 花瓣末端要擠成圓弧狀，整體來看要呈水滴形。

5. 將每一片花瓣擠成不同長度，花瓣的層次感也要參差錯落。

6. 花瓣要以順時針方向依序擠出（花針朝逆時針方向轉動）。

7. 完成第一層花瓣。雖然和雛菊的花瓣相同，但是由於長短和層次不規則，看起來更加飽滿。

8. 第二層花瓣同樣也以第一層的方式接續進行。

9. 取惠爾通 81 號花嘴，從花朵中央擠出長條水滴形花瓣。

10. 第二層花瓣同樣要擠得長短不一，約 4～5 片。

11. 取惠爾通16號與2號花嘴，分別擠上花蕊，即可收尾。

12. 製作完成的百日紅成品。

• KEY POINT •

錯誤示範

正確示範

花瓣不是每一片都擠在前一片花瓣的下方，而是不規則地錯落堆疊。

從第二片花瓣開始，手勢要由上往下宛如畫拐杖般擠出奶油霜。

雖然花瓣長短可以不必一致，但是整體形狀必須大致維持為圓形。

百日紅組合
ARRANGE
—

薔薇

蘋果花

百日紅

維羅尼卡花

flowers – 薔薇、百日紅、蘋果花、維羅尼卡花
arrange style – 花環型
·

1. 在蛋糕表面先設定好 2 ～ 3 個基準點,先擺上較有分量感的薔薇。**2.** 在薔薇兩側插上百日紅,彷彿為擠花組合的骨架添上肉一樣,以逆時針方向擺放。**3.** 擺放百日紅時,記得按照花環型的基本組合方法,以花朵數 3-1-3-1 的順序擺放。**4.** 擺好一圈後,再以尺寸較小的百日紅補強花環厚度不夠的地方。**5.** 利用蘋果花填滿空隙,使花環變得如甜甜圈般圓潤立體。**6.** 維羅尼卡花和果實可以直接擠在蛋糕表面,作為點綴裝飾。

advice
· 擠花苞或果實時,可以讓它們稍微有高低及大小落差,組合出來的擠花蛋糕會更自然不生硬。果實和花苞最好以 5 ～ 6 個為一組擺放於同一處,會比單顆擺放更生動。

❀
Helichrysum
蠟菊

雖然乍看之下，蠟菊的形狀酷似雛菊，但是相較於雛菊，蠟菊的花瓣更為薄透，摩擦碰撞時還會像稻草一樣發出清脆聲響。由於顏色豐富多樣、朝氣蓬勃，也能像乾燥花一樣長時間保存，所以在製作乾燥捧花或花瓣香氛包時，很常使用這朵花，在國外也經常用於提煉精油。蠟菊的整體感比較接近乾燥花，因此，比起春夏，更適合作為秋冬的素材。蠟菊的花瓣較窄，建議用奶油霜製作時，最好擠成「線」而非「面」的感覺。

| main flower 主要花朵 · 蠟菊 | tips 使用花嘴 · 花瓣 2 號 花蕊 2 號 | colors 使用色膏 · 花瓣 ◯（White）花蕊 1 （Lemon Yellow）花蕊 2 ●（Lemon Yellow 5 : Brown 3 : Golden Yellow2） | direction 花釘轉動方向 · 順時針方向 ↻ |

蠟菊擠法

1. 取惠爾通 2 號花嘴，手握擠花袋，與花釘表面呈垂直。

2. 在花釘上擠出一個甜甜圈形的花朵底座。

3. 從底座的邊緣處擠出第一片花瓣。

4. 花瓣要擠得像從底座內緣往外盛開的感覺。

5. 以逆時針方向擠出茂密緊鄰的花瓣（花針朝順時針方向轉動）。

6. 花瓣不能低於花朵底座或向下垂落。

7. 以步驟4～5的方式，同樣在花朵底座內緣擠上第二層花瓣。

8. 擠第二層花瓣時，要比第一層稍微豎起花嘴角度，擠出來花瓣也要的比第一層小。

9. 取惠爾通2號花嘴，在花朵中央擠出花蕊1。

10. 同樣使用惠爾通2號花嘴，在黃色花蕊上面擠出花蕊2。

11. 由上往下俯瞰時，不能露出花朵底座。

12. 製作完成的蠟菊成品。

蠟菊組合
ARRANGE
——

雪莓

蠟菊

高山火絨草

flowers – 高山火絨草、蠟菊、雪莓
arrange style – 花環型

·

1. 將形狀、大小、顏色不一的葉子，在蛋糕表面排成一圈。2. 記得將葉子的末端朝不同方向稍微改變擺放角度，斜放排列。3. 葉子全部擺好後，再放上高山火絨草。4. 接著將蠟菊擺在蛋糕表面。5. 取惠爾通 3 號花嘴，直接在蛋糕表面擠上雪莓，即可收尾。

advice

· 由於高山火絨草、蠟菊、雪莓都是以白色為基底的花朵，所以會透過葉子來做變化，調整葉片顏色與明暗度，使層次更豐富。

❀ Helleborus

聖誕玫瑰

因花開時節正逢聖誕假期,而取名為聖誕玫瑰,其實是與玫瑰花截然不同的花朵。有單瓣花與雙瓣花,花朵體型嬌小,卻有著白色、粉紅色、酒紅色等多款顏色的品種,其中尤其以摻有紫羅蘭色(Violet)的酒紅色(Burgundy)最為常見。聖誕玫瑰的花瓣彷彿加入墨綠色漸層,花葉則如沾染到花朵的酒紅色似的,給人深不可測的神祕感。利用奶油霜擠聖誕玫瑰時,建議也要盡可能按照鮮花的感覺賦予色彩變化,呈現的效果會更為精緻。

main flower	tips	colors	direction
主要花朵	使用花嘴	使用色膏	花釘轉動方向
·	·	·	·
聖誕玫瑰	花瓣 120 號	花瓣 ●●● (Burgundy 7 · Violet 2 : Brown 1)	逆時針方向
	花蕊 2 號	花蕊 ● (Lemon Yellow 5 : Golden Yellow 5)	↺

聖誕玫瑰擠法

1. 取惠爾通120號花嘴,手握擠花袋,與花釘表面呈垂直。

2. 在花釘表面擠出3～5公釐厚的圓盤形花朵底座。

3. 在花朵底座上擠出一片葉形花瓣,兩側線條圓潤,末端稍尖。

4. 此時，不妨為花瓣稍微加入一點紋路。

5. 花瓣以順時針方向擠出（花針朝逆時針方向轉動），花嘴緊貼在上一片花瓣的右側邊緣，擠出下一片花瓣。

6. 總共擠好5片花瓣後，第一層花瓣便完成。第二層的第一片花瓣同樣從花朵中央開始擠出。

7. 擠第二層花瓣時，要比第一層稍微豎起花嘴角度，尺寸也要擠得比第一層小。

8. 取惠爾通2號花嘴，擠上花蕊即可收尾。

9. 製作完成的聖誕玫瑰成品。

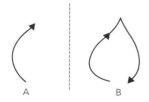

KEY POINT

擠花瓣時，可以像 A 以一氣呵成的手勢擠出，也可以像 B 一樣以擠葉子的方式分成左右半邊擠出。

擠花苞時，手握擠花袋，與花釘表面呈垂直，由下往上以畫圓弧的方式擠出奶油霜。

聖誕玫瑰組合
ARRANGE

——

聖誕玫瑰

雪莓

松果

flowers – 聖誕玫瑰、松果、雪莓
arrange style – 花環型

·

1. 在蛋糕表面邊緣處設定 4～5 個基準點，注意不要變成正五角形。2. 將 3～4 朵聖誕玫瑰湊成一組，總共 4～5 組，分別擺放在各個基準點上。3. 此時，建議以不同大小、顏色的聖誕玫瑰為一組，並各自面向不同方向。4. 擺完所有聖誕玫瑰後，再放上體型第二大的松果。5. 取惠爾通 3 號花嘴，直接在蛋糕表面擠上雪莓。6. 插上花葉即可收尾。

advice

· 雖然是花環型組合，但是建議做出有間隔留白的花環。
· 先以 3～4 朵花為一組，一起放上蛋糕表面，再利用花苞或花葉填補空隙。
· 建議用稍大於惠爾通 120 號花嘴的 123 號花嘴，製作幾朵較大的聖誕玫瑰搭配組合，會更有立體感。

❀
Poinsettia
聖誕紅

以作為聖誕節裝飾品聞名的聖誕紅，外型看似花朵，但其實是花葉。每到入冬時分，就會長出紅通通、一片疊著一片的花葉，光是擺一盆聖誕紅在家裡，就能充分營造出節慶氣氛，十分應景。而聖誕節的代表色就是紅配綠，所以搭配聖誕紅的葉片建議也使用墨綠色為佳。末端尖尖的聖誕紅，雖然可以按照擠多肉植物、大理花、向日葵等方式擠出，可是如果使用惠爾通 352 號花嘴，擠起來會更容易成形。

main flower	tips	colors	direction
主要花朵	使用花嘴	使用色膏	花釘轉動方向
•	•	•	•
聖誕紅	花瓣 352 號	花瓣 ● (Red-Red)	順時針方向
	花蕊 2 號	花蕊 ○ (White)	

聖誕紅擠法

1. 取惠爾通352號花嘴，手握擠花袋，讓花嘴口的兩個尖角一上一下，並將朝下的尖角靠在花釘上。

2. 在花釘表面擠出3～5公釐厚的圓盤形，作為花朵底座。

3. 從花朵底座中央向外擠出第一片花瓣。

4. 按照第一片花瓣的擠法，以逆時針方向擠出所有花瓣（花針朝順時針方向轉動）。

5. 擠好4片花瓣後，第一層花瓣便完成。

6. 第二層的第一片花瓣同樣從花朵中央開始擠出，位置調整在第一層的兩片花瓣之間。

7. 按照個人需求，想增加第三層花瓣也無妨。

8. 取惠爾通2號花嘴，擠上花蕊，即可收尾。

9. 製作完成的聖誕紅成品。

• KEY POINT •

B 層花瓣擠出的位置要與 A 層花瓣交錯，如上圖所示。

錯誤示範 ｜ 正確示範

花瓣上避免製造出太多紋路。

愈上層的花瓣愈小，角度也愈接近垂直。

聖誕紅組合
ARRANGE
———

高山火絨草
聖誕玫瑰
雪莓
蠟菊
松果
覆盆子
棉花
聖誕紅
八角

flowers – 聖誕紅、松果、聖誕玫瑰、棉花、高山火絨草、八角、蠟菊、雪莓、覆盆子
arrange style – 杯子蛋糕

·

1. 杯子蛋糕表面抹上 2 ～ 3 公釐厚的奶油霜。2. 把杯子蛋糕表面視為圓形蛋糕的表面，以半月型或花環型的組合方法擺上花朵。3. 取惠爾通 2 號花嘴，在杯子蛋糕表面擠出 2、3 圈線條，作為花梗。4. 花梗上先擺放體型較大的花朵，再放上較小的花朵。5. 以蠟菊或莓果點綴裝飾。6. 擠上花葉。7. 取惠爾通 3 號花嘴，在杯子蛋糕表面直接擠上圓形果實。

advice

· 雖然聖誕紅原本是紅色花體，但是假如改用白色色膏來擠花，花蕊部分以紅色來搭配，同樣能展現濃濃的聖誕節氣息。
· 與其在一個杯子蛋糕上裝飾五顏六色的花朵，不如只使用幾種特定顏色，更容易營造出節慶氛圍。

❁ Pine Cone

松果

某年聖誕節，我為了做一款特製的蛋糕，上網搜遍了各種圖片與影像，結果無意間看見一張國外的巧克力宣傳廣告，廣告中將錢幣形的巧克力堆疊成一顆顆松果，概念有趣極了。於是我心想，「或許用奶油霜來堆疊，也可以做出松果。」便運用蘋果花的擠法，一片片向上堆疊，果真順利擠成了一顆松果。如果用巧克力色的奶油霜為基底，再混入白色，使其鱗片邊緣處滾上白色漸層，就可以模擬出被白雪覆蓋的視覺效果。

| main flower
主要花朵
·
松果 | tips
使用花嘴
·
松果鱗片 102 號 | colors
使用色膏
·
松果鱗片 ◯ (white)
松果鱗片漸層 ● ●
（Brown 8 : Black 2） | direction
花釘轉動方向
·
逆時針方向
↺ |

松果擠法

1. 取惠爾通102號花嘴，手握擠花袋，與花釘表面呈垂直。

2. 在花釘表面擠上3～5公釐厚的圓盤形，作為松果的下層底座。

3. 將花嘴口較寬的那一頭靠在花朵底座上方，擠出第一瓣松果鱗片。

4. 擠松果鱗片時，要將花嘴由11點鐘往1點鐘方向移動。

5. 按照第一瓣的方式擠出接下來的松果鱗片,記得鱗片要緊密相連,並完成第一層。

6. 在第一層松果鱗片中央再擠上一個圓盤形,作為中層底座。

7. 按照第一層的擠法,同樣於中層底座上擠出第二層松果鱗片。

8. 在第二層鱗片中央再度擠上一個圓盤形,作為上層底座。

9. 愈上層的松果鱗片要愈小,並且愈接近垂直角度。

10. 直接在第三層松果鱗片上(不必再擠底座),擠出第四層鱗片。

11. 在松果的最頂端擠上一瓣垂直的鱗片,即可收尾。

12. 製作完成的松果成品。

• KEY POINT •

錯誤示範　　正確示範

松果鱗片要一口氣連續擠出,不能分開

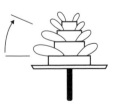

在每一層之間加上底座,使松果更立體。愈上層的松果鱗片角度要愈接近垂直。

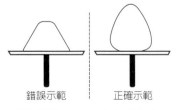

錯誤示範　　　正確示範

從側面看上去,松果成品要呈右圖的形狀。

松果組合
ARRANGE

雪莓

蠟菊

棉花

松果

高山火絨草

flowers – 松果、棉花、高山火絨草、蠟菊、雪莓
arrange style – 花環型

.

1.沿著蛋糕表面邊緣,設定 3～4 個基準點,但是注意避免變成正三角形或正四方形。2.將 3～5 顆松果湊成一組,總共 3～4 組,分別擺放在各個基準點上。3.此時,建議以不同大小的松果為一組,擺放的角度、方向也最好都稍微錯開。4.擺放完松果後,放上體型第二大的棉花。5.接著擺放高山火絨草,以維持花環整體厚度平均。6.再放上蠟菊以及雪莓等,作為點綴裝飾。7.最後插上花葉,即可收尾。

advice
· 蛋糕抹面的粗糙感,是先將奶油霜厚厚地塗抹於蛋糕表面,再以修角抹刀在奶油霜上製造出隨意塗抹的感覺。
· 如果想表現松果的顏色,可以使用棕色(Brown)色膏,或加入可可粉調製。

✿ Scabiosa

西洋松蟲草

還記得第一堂擠花蛋糕週末班開課時，一位學生送了我一束自己親手包裝的花束，在那束花裡，我看見了從未見過的白色輕柔花朵。於是我向那名學生詢問這朵花叫什麼名字，她說是西洋松蟲草。在好奇心的驅使下，我提議，「要不要一起試著製作？」於是我們嘗試了幾種方法，沒想到很快就試成功，擠出了類似的形狀，我們都感到不可思議。後來，我才有了個念頭，覺得或許其他花朵也可以像這樣，隨興地用奶油霜仿製出來吧！西洋松蟲草是一朵帶給我新啟發的花。

main flower 主要花朵	tips 使用花嘴	colors 使用色膏	direction 花釘轉動方向
西洋松蟲草 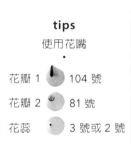	花瓣 1 104 號 花瓣 2  81 號 花蕊  3 號或 2 號	花瓣 1、2 ●● (Royal Blue 8 : Violet 2) 花蕊 ●● (Moss Green 7 : Brown 3)	逆時針方向 ⟲

西洋松蟲草擠法

1. 取惠爾通104號花嘴，手握擠花袋與花釘表面呈垂直。

2. 在花釘表面擠出3～5公釐厚的圓盤形，作為花朵底座。

3. 沿著花朵底座外圍擠出一道薄透如牆面的外圈。

4. 從側面看上去，這道牆要向上直立，不能貼平在花釘上。

5. 將花嘴口較寬的那一頭貼靠在圓盤形底座與圍牆之間,擠出第一片花瓣。

6. 擠花瓣時,花瓣要呈外圍輪廓有褶痕的倒三角形。

7. 利用八重櫻的花瓣擠法,擠出每一片長度與寬度不一的花瓣。

8. 花朵中央預留一個看得到圓盤底座的圓圈,第一層花瓣便完成。

9. 在第一層花瓣的起始點,擠上第二層的第一片花瓣。

10. 擠第二層花瓣時,要比第一層花瓣稍微豎直花嘴角度,擠出更小的花瓣。

11. 取惠爾通 81 號花嘴,手握擠花袋,在花朵中央預留的空間,擠上半圓球形的奶油霜。

12. 沿著步驟 11 的半圓球邊緣,再擠上一圈花瓣。

13. 進行步驟 12 時,花瓣長度與間隔不需要一致。

14. 取 3 號或 2 號花嘴,於花朵中央擠上黃色花蕊。

15. 從側面看上去,花瓣要向上延伸,不能垂落在花釘表面。

16. 製作完成的西洋松蟲草成品。

西洋松蟲草組合
ARRANGE

千日紅 — | — 牡丹

— 西洋松蟲草

厚葉石斑木果實 — | — 繡球花

flowers - 牡丹、西洋松蟲草、千日紅、繡球花、厚葉石斑木果實
arrange style - 延伸半月型

·

1.如果想放比較多朵花在蛋糕表面，得先擠上一座新月形的奶油山。反之，則可省略不擠奶油山，直接將花朵排列組合成新月形。2.由前往後依序將花朵擺在奶油山表面。3.先將體型較為飽滿的牡丹放上蛋糕。4.牡丹的前後以及上方，可以放上西洋松蟲草，使兩朵花的花瓣交疊。5.雖然是半月型組合，還是可以將花體較小的繡球花約略地放幾朵在新月形缺口處。6.將藍色品種的千日紅插在各個組合空隙間。7.取惠爾通 3 號花嘴，直接在蛋糕上擠出厚葉石斑木果實，再放上花葉。

• KEY POINT •

圍牆 B 要從花朵底座 A 的一半高度開始向上擠出。

第一層花瓣 A 與第二層花瓣 B 幾乎同樣是從 C 點的位置擠出。

花瓣長度、寬度與高度要參差錯落。

✿
English Rose

英國玫瑰

初見這朵花，是透過網路上的一張圖片。由於外型長得和玫瑰花截然不同，所以很想嘗試用奶油霜來製作。但是在從未見過鮮花本尊的情況下，實在不曉得花的結構究竟如何。當時，剛好有一位學員在別的城市經營一間花店，她聽聞我想親眼看看英國玫瑰，於是送了我一束以暗紅色英國玫瑰組成的花束。實在很感謝那名學員，我和她在擠花課上聊過非常多關於花朵的話題，她也讓我再次感受到，熟悉鮮花與花卉組合的人，在使用奶油霜擠花時，果然製作出來的作品也會更為生動美麗。

main flower 主要花朵 · 英國玫瑰	tips 使用花嘴 · 花瓣 Olli 花嘴	colors 使用色膏 · 花瓣 ●● (Red-Red 7 : Golden Yellow 3)	direction 花釘轉動方向 · 順時針方向

英國玫瑰擠法

1. 手握擠花袋，與花釘表面呈45度。

2. 用力握緊擠花袋，擠出一個紮實的圓錐型底座。

3. 花瓣從圓錐底座的頂端開始向外擠出，記得要製造出波紋。

4. 將向外擠出的花瓣再度繞回圓錐中央。

5. 花瓣的起始與尾端部分,要剛好位在同一點,收合併攏。

6. 總共擠出6～7片花瓣後,第一層花瓣便完成。

7. 第二層花瓣要沿著第一層花瓣的外圍,以畫拋物線的手勢向上擠出。此時,第二層花瓣要擠得比第一層花瓣高。

8. 若想呈現花朵微微盛開的效果,就將花嘴口朝外拉出奶油霜。反之,則將花嘴口朝中央擠奶油霜即可。

9. 製作完成的英國玫瑰成品。

KEY POINT

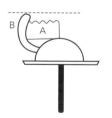

B 要高於 A 才行。

錯誤示範　　正確示範

第一層帶有水波紋的花瓣,中央處要貼近。

英國玫瑰組合
ARRANGE

——

薔薇

陸蓮花

英國玫瑰

大星芹

大波斯菊

flowers – 英國玫瑰、薔薇、陸蓮花、大波斯菊、大星芹
arrange style – 花環型

.

1. 沿著蛋糕表面邊緣，先擺放主花英國玫瑰。2. 在英國玫瑰旁依序擺上薔薇、陸蓮花、大波斯菊以及大星芹，以調整花環寬度。3. 儘管是同一種花朵，只要擠得大小不一，就能輕鬆調整花環寬度，達到平衡。這個概念可應用於任何組合類型。4. 放上葉片即可收尾。

advice

· 以帶有波紋的花瓣作為最內層花瓣，另外於內層花瓣外擠出兩圈左右的花瓣，徹底包覆內層花瓣。

· 當體型較大或較小、較高或較矮、有花蕊或無花蕊、花瓣較寬或較窄的各種花朵混合搭配時，不論形狀還是大小都會形成對比，反而能突顯每一種花的特色。

✿ Narcissus Flower
水仙花

有著「自戀」、「純潔」等花語的水仙花，以清麗高雅的外型展露姿態。仔細端詳，會發現白色花瓣裡的帶有褶紋的那層黃色花瓣，宛如一盞燈泡般，映托著整朵花。像水仙花這種花瓣末端較尖的花朵，對於剛開始接觸擠花的新手來說，可能會感到有些困難，但是只要掌握技巧，在製作相似形狀的雞蛋花、大理花等花朵時，會更得心應手。由於水仙花的花瓣不像玫瑰或大波斯菊那樣朝上，而是微微曲起，朝向前方，所以在進行擠花組合時，建議也將這點考量進去再擺放。

| **main flower**
主要花朵
·
水仙花 | **tips**
使用花嘴
·
外層花瓣 104 號
內層花瓣 102 號
花蕊 2 號 | **colors**
使用色膏
·
外層花瓣 ○（White）
內層花瓣
（Lemon Yellow）
花蕊
(Lemon Yellow 8 : Golden Yellow 2) | **direction**
花釘轉動方向
·
逆時針方向
↺ |

水仙花擠法

1. 取惠爾通104號花嘴，手握擠花袋，在花釘表面擠出3公釐厚的圓盤形，作為花朵底座。

2. 將花嘴口較寬的那一頭靠在花朵底座中央，擠出第一片花瓣。

3. 擠花瓣時，要呈現樹葉狀，左右兩側線條圓潤，頭尾兩端稍尖。

4. 總共擠出6片花瓣，外層花瓣便完成。

5. 取惠爾通102號花嘴，將花嘴口較寬的那一頭靠在花朵底座中央，擠出內層花瓣。

6. 內層花瓣要加上一點褶紋，朝順時針方向轉一圈擠出（花針朝逆時針轉動）。

7. 由上往下俯瞰的水仙花樣貌。

8. 取惠爾通2號花嘴，在花朵中央擠上花蕊，即可收尾。

9. 製作完成的水仙花成品。

• KEY POINT •

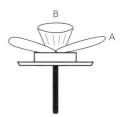

白色花瓣 A 要擠得稍微往內凹，位於花朵中央的黃色花瓣 B 則要擠成上寬下窄的漏斗形。

花瓣要擠成末端較尖的形狀，由中央向上擠到末端時稍微停一下，再由末端往下擠出右半邊花瓣。

水仙花組合
ARRANGE
———

金槌花

繡球菊

陸蓮花

鬱金香

水仙花

flowers – 陸蓮花、繡球菊、鬱金香、水仙花、金槌花
arrange style – 滿版盛開型

1. 在蛋糕表面中央位置擠上一座奶油山。**2.** 由左往右依序擺上花朵。**3.** 如果花朵品種較多，要先將同類型花朵湊成堆，再與其他種類花朵自然組合起來，而非雜亂無章地隨意擺放。**4.** 依序放上陸蓮花、繡球菊、鬱金香、水仙花。**5.** 將預先擠好的花葉擺放上去。**6.** 最後將金槌花擺放在空隙處，即可收尾。

advice

· 以水仙花既有的基本色調進行組合，強調水仙花的清雅氣質。蛋糕上的花朵顏色大致上可分成白色與黃色兩種，但儘管同樣是黃色，也會因深淺度不同，以及加入橘色或綠色而呈現出不同色調。

❀ Lily
百合花

百合花是一朵花瓣盛開、向後捲曲、面積較大的花朵，所以通常較難與其他花朵組合在一起，但是如果只取 1 ～ 2 朵作為點綴倒是非常棒。百合花的花瓣左右圓潤，整體細長，末端為尖角，如果可以在花瓣上增添些許褶痕，比其他花朵擠得再大一些，會更像鮮花。

| main flower 主要花朵 · 百合花 | tips 使用花嘴 · 花瓣 104 號 花蕊 1 3 號 花蕊 2 2 號 | colors 使用色膏 · 花瓣 ◯（White） 花瓣漸層 ● (Kelly Green 5 : Lemon Yellow 5) 花蕊 1 ● (Lemon Yellow 6 : Golden Yellow 4) 花蕊 2 ● (Lemon Yellow 8 : Moss Green 2) | direction 花釘轉動方向 · 逆時針方向 ↻ |

百合花擠法

1. 於花釘表面擠上一點點奶油霜，並放上一張烤盤紙。

2. 確認烤盤紙是否已黏牢不致滑動。

3. 取惠爾通104號花嘴，手握擠花袋時，漸層色朝下，將花嘴口較寬的那一頭靠在底座中央，擠出第一片花瓣。

4. 在花瓣上做出褶紋,兩側末端要像葉子一樣愈來愈窄呈尖角狀。

5. 每一片花瓣都從中央開始擠出,再回到中央收尾。

6. 注意不要使花朵中央堆積過多奶油霜。

7. 花瓣偏向細長形,而非寬扁形。

8. 要是在油紙下方多墊一張較硬挺的紙張,長長的百合花瓣就不容易垂落,可以擠出面積更大的花瓣。

9. 利用同樣的方式總共擠出6片花瓣。

10. 將整張油紙連同擠好的百合花瓣一起從花釘取下,置於底板,並放入冷凍庫裡定型。

11. 約30分鐘後取出,用惠爾通3號花嘴先在花朵中央擠上厚花蕊,再用2號花嘴擠上細花蕊。

12. 製作完成的百合花成品。搬移至蛋糕表面時,要使用抹刀。

百合花組合
ARRANGE
——

牡丹

百合

繡球花

百日紅

山茶花

千日紅

flowers – 牡丹、山茶花、繡球花、百合、百日紅、千日紅
arrange style – 滿版盛開型

·

1. 在蛋糕表面中央擠一座奶油山。2. 先將牡丹、山茶花和繡球花由左往右擺放上去，以增加整體分量感。3. 插上百合花。4. 如果花朵品種較多，要將同類花朵湊成堆，再與其他類型的花自然組合起來，而非雜亂無章地隨意擺放。5. 最後放上百日紅、千日紅和花葉，讓圓頂更立體。

advice

· 百合花的體型比其他的花來得大，若要直接擠在花釘上還是有其極限，所以通常會在花釘表面先黏一張烤盤紙，紙張大小依照需要自行決定。在紙上擠好花瓣，放進冷藏或冷凍庫裡定型，再取出使用。不過從冰箱裡取出時，如果不立即使用，就會再度軟化沾黏於烤盤紙上，或者從紙上取下花朵時，花瓣因而斷裂，需格外小心注意。

· 進行組合時，記得預留擺百合花的位置，先將其他部分統統擺好花朵，再把百合花用覆蓋於預留處的感覺擺放上去。

❀ Hydrangea

繡球花

各位可曾在炎炎夏日雨過天晴時，看過沾了雨珠的繡球花呢？那色澤多麼鮮明清秀啊！由於繡球花是一球一球開在粗壯彎曲的枝莖上，所以在組合時，也要盡量將花朵湊成堆一起插上，而不是直線式地擺放。除此之外，繡球花的花色多變，經常可見從淡紫色到天藍色、粉紅色的漸層變化。仔細觀察，會發現沒有一球是整體只有單一顏色的，所以在利用奶油霜製作時，也要盡量用兩種以上的顏色來混色，使花瓣呈現漸層效果。

main flower	tips	colors	direction
主要花朵 • 繡球花	使用花嘴 • 花瓣 ◖ 104 號　花蕊 ● 2 號	使用色膏 • 花瓣 ●● （Violet 7 : Royal Blue 3）　花蕊 ○（White）	花釘轉動方向 • 逆時針方向 ↺

繡球花擠法

1. 取惠爾通104號花嘴，手握擠花袋，把花嘴口靠近花釘表面12點鐘位置。

2. 將花嘴口由12點鐘往6點鐘方向移動，向下擠出一條直線，作為花朵底座。

3. 從側面看上去，花朵底座的中央位置要稍微隆起。

4. 由上往下俯瞰時，花朵底座的中央是最厚實的。

5. 將花嘴口較寬的那一
頭靠在花朵底座，
擠出第一片花瓣。

6. 第一片花瓣是將花
嘴由11點鐘往1點鐘
方向擠出一片圓弧
形，然後暫停。

7. 再將花嘴口較扁的那
一頭靠在花朵底座
中央，擠出第二片
花瓣。

8. 按照第一片花瓣的擠
法，將花嘴由11點鐘
往1點鐘方向擠出一
片弧形。

9. 此時，4片各朝不同
方向的花瓣將組成
一朵小花。

10. 將花嘴口較寬的那
一頭靠在花朵底
座，擠出第二朵小
花的第一片花瓣。

11. 擠花瓣時，花嘴要
由11點鐘往1點鐘
方向擠出一片弧
形，然後暫停。

12. 注意第一朵小花與
第二小花之間不要
留空隙，必須盡量
貼近。

13. 將花嘴口較扁的那
一頭靠在花朵底座
中央，擠出第三片
花瓣。

14. 所有花瓣都是將花
嘴由11點鐘往1點
鐘方向移動擠出。
擠奶油霜時，也要
同時轉動花釘。

15. 將三朵小花緊靠在
一起，整體呈三角
形後，取惠爾通2
號花嘴，為花朵分
別擠上花蕊。

16. 製作完成的一小組
繡球花成品。

繡球花組合
ARRANGE

—

牡丹

繡球花

圓錐繡球花

flowers - 牡丹、繡球花、圓錐繡球花
arrange style - 花環型

·

1. 按照花環型基本組合方法,以花朵數 3-1-3-1 的順序擺放。2. 先將花朵較為飽滿的牡丹放在蛋糕表面,接著再放繡球花。3. 在 3 朵花與 1 朵花之間的空隙,以不同高度再放上幾朵牡丹與繡球花。4. 由上往下俯瞰時,花圈的寬度要與從側面看的高度相近。5. 將預先擠好的花葉擺上。6. 取惠爾通 102 號花嘴,擠出圓錐繡球花後,放上蛋糕表面。最後,取惠爾通 3 號花嘴,在花朵間的空隙擠幾顆莓果。

advice

· 擠花瓣時,要隨著花釘轉動擠出半圓形,然後暫停,以花嘴口較寬的一端往較扁的那一頭推上去的感覺收尾,即可擠出末端呈尖角狀的三角形花瓣。由於繡球花的花瓣薄而扁,如果先放置於蛋糕表面,很容易被其他體型較飽滿的花朵擠壓變形,所以要記得在最後階段放入組合。

❀
Dahlia
大理花

大理花是拿破崙的皇后約瑟芬情有獨鍾的花朵，其實要挑戰擠出像大理花這種體型較大的花朵並不容易，不僅難以與其他花朵進行組合，在花釘上擠完要搬移至蛋糕表面也得小心翼翼。然而，只要將花朵底座尺寸盡可能擠得大一點、厚實一點，好好調整花瓣角度，便能製作出美麗的大型花朵。除此之外，由於大理花的顏色鮮明，形態多變，因此能多樣化地表現。如果想將花瓣擠成扁長型，那麼就得注意奶油霜不能過軟。

main flower	tips	colors	direction
主要花朵 · 大理花	使用花嘴 · 花瓣 104 號	使用色膏 · 花瓣 ●● (Red-Red 8：Burgundy 2)	花釘轉動方向 · 逆時針方向

大理花擠法

1. 在花釘表面擠出3～5公釐厚的圓盤形，作為花朵底座。

2. 將花嘴較寬的那一頭靠在花朵底座中央，擠出第一片花瓣。

3. 擠花瓣時，花瓣要呈葉片狀，左右兩側線條圓潤，上下兩端稍尖。

4. 花瓣以順時針方向擠出
（花針逆時針轉動），將
花嘴緊貼在上一片花瓣右
側，擠出下一片花瓣。

5. 擠完第一層花瓣時，中間
要預留一個圓形空洞。

6. 第二層的第一片花瓣，同
樣從花朵中央開始擠出。

7. 擠第二層花瓣時，花嘴要
稍微豎直，擠出比第一層
尺寸稍小的花瓣。

8. 可以依照需求，增加1～2
層花瓣。

9. 製作完成的大理花成品。

• KEY POINT •

擠花瓣時，以製作葉子的方式進行，
但同時要記得左右寬度別擠得太寬。

愈上層的花瓣愈小，角度也愈接近垂
直。

大理花組合
ARRANGE

——

大理花

牡丹

薔薇

flowers - 牡丹、薔薇、大理花
arrange style - 滿版盛開型

·

1. 在蛋糕表面中央擠一座奶油山。2. 由左往右依序擺上花朵。3. 先將牡丹、薔薇等較飽滿的花朵放置於蛋糕表面,再放上大理花這種花瓣輕薄、向外盛開的花朵。4. 儘管是同一種花,也可以製作不同尺寸,在組合時高低錯落地擺放。5. 雖然可以將每一朵花緊緊相連,但是不必放得過滿。6. 起先擺放 70 ～ 80% 滿即可,剩餘的空間則利用一些點綴的花朵、花葉、果實填補。

advice
· 大理花的最大特色是細長如葉形的花瓣,建議將花瓣形狀擠得窄一點,並將多片花瓣層層堆疊擠出。

✿
Carnation
康乃馨

據傳，康乃馨的名稱由來是拉丁文的「花環」一詞。在我們的一般認知中，都知道這是一朵帶有「感謝」意涵的花朵。因此，在韓國每逢父母節、教師節，一年內會看見這朵花至少兩次以上。說到康乃馨，各位可能第一個會聯想到紅色康乃馨。但是在製作擠花蛋糕時，為了考量最終要吃下肚，盡量還是以較淺的顏色來製作為佳，於花瓣外圍加上勃根地酒紅色即可。各位不妨也親手做一款擺滿康乃馨的擠花蛋糕送給長輩，以表謝意。

main flower 主要花朵 • 康乃馨	tips 使用花嘴 • 花瓣 104 號	colors 使用色膏 • 花瓣 ◯ (White) 花瓣漸層 ●● (Red-Red 6 : Golden Yellow 4)	direction 花釘轉動方向 • 逆時針方向 ↺

康乃馨擠法

1. 打開擠花袋，先填入白色奶油霜，同時預留一側的空位給漸層色。

2. 利用色膏抹刀，將漸層色色膏填入擠花袋另一側。

3. 小心避免和白色奶油霜混合。

4. 調整花嘴,將漸層色對準惠爾通104號花嘴較扁的那一頭。

5. 先在花釘上擠出3～5公釐厚的圓盤形,作為花朵底座。

6. 花瓣要製作出外圍有褶痕的倒三角形。和八重櫻的花瓣擠法相同,但是要擠得比八重櫻花瓣更細長。

7. 擠第二片花瓣時,花嘴的角度稍要微豎直,並從第一片花瓣的前方擠出。

8. 擠出4～5片相同形狀的花瓣,填滿花朵底座的1/4範圍。

9. 隨著花瓣愈靠近底座中央,也要愈豎直花嘴角度。

10. 以相同方式擠滿花瓣,每一片花瓣朝著不同方向,不必考慮擠出的順序。

11. 由上往下俯瞰時,要明顯表面呈球體狀。底端收斂內縮。

12. 製作完成的康乃馨成品。

康乃馨組合
ARRANGE
———

flowers – 康乃馨

arrange style – 滿版盛開型

·

1. 在蛋糕表面中央擠一座奶油山。**2**. 由左往右依序混合擺放大小不同的康乃馨。**3**. 當花朵全部擺放完畢,再放上花葉。如果已經沒有空隙擺花葉,不妨用花剪將花朵稍微抬起,騰出空間,再放入花葉。**4**. 取惠爾通 3 號花嘴,直接於蛋糕表面擠上花苞,即可收尾。

advice

· 可按照八重櫻花瓣的擠法進行,讓花瓣形狀更窄一些即可。記得由下往上、由左往右不規則地擠出花瓣,最後整體呈現球狀。從側面看,愈接近花朵底部要愈向內縮,這樣才易於組合。

· 每一片花瓣末端都朝不同方向,會更逼真自然。

❀
Tulip
鬱金香

鬱金香是我做擠花蛋糕以來，研發期最久也令我最困擾的一朵花。由於它的花瓣不多、中空，呈長條形，所以不容易擠出它的形體。鬱金香只要插在水中，不久後便會盛開成截然不同的姿態，使你感到訝異。經過一番思考之後，我評估應該是擠得出鬱金香含苞待放的樣子，於是練習了一段時間，終於擠出接近鮮花的樣貌。到後來愈漸熟悉鬱金香的擠法，漸漸變得也可以擠出它盛開的模樣，並在中間加上花蕊，營造出有別於既定印象的效果。

main flower	tips	colors	direction
主要花朵	使用花嘴	使用色膏	花釘轉動方向
·	·	·	·
鬱金香	花瓣 Olli 花嘴	花瓣 ●● (Burgundy 8 . Moss Green 2)	順時針方向

鬱金香擠法

1. 手握擠花袋，與花釘表面呈45度角。

2. 在花釘表面擠出一個圓錐形，作為花朵底座。

3. 在第一層底座上加高擠出第二層底座。

4. 將花嘴靠在底座的側面，往9點鐘方向轉動並擠出第一片花瓣。

5. 擠花瓣時，花瓣是從花朵底座的底部由下往上擠出。花嘴的角度則是由9點往12點鐘方向轉動。花瓣必須擠得比花朵底座高。

6. 擠第二片花瓣時，要包住第一片花瓣的1/2左右面積。

7. 利用步驟4～5的方式，總共擠出6～8片花瓣。

8. 花瓣的頂端要全部往中央收攏。

9. 製作完成的鬱金香成品。

• KEY POINT •

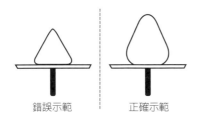

錯誤示範　　　　正確示範

從側面看上去要呈現如右圖一樣的形狀。

手握擠花袋時，花嘴口的角度要大約往 9 點鐘方向如 A 的樣子，再開始擠花瓣。擠完時，花嘴口的角度則要像 B 一樣停留在大約 12 點鐘方向。

鬱金香組合
ARRANGE
—

flowers – 鬱金香   **arrange style** – 滿版盛開型

1. 在蛋糕表面中央擠一座奶油山。**2.** 由左往右依序擺上花朵。**3.** 儘管是同一種花,也可以擠出不同大小,組合出高低錯落的樣子。**4.** 盡量讓每一朵花都稍微朝不同方向。**5.** 進行擠花組合時,要讓所有花朵聚集成半球形。

advice
· 花瓣要從花朵底座的底部由下往上擠出,手持擠花袋,將弧線如 C 字形的花嘴轉成如 U 字形的方向後,就開始擠出花瓣。一擠出花瓣,手勢也要慢慢跟著轉動,直到花瓣擠到花朵底座頂端,花嘴轉回到 C 字形角度就停下。
· 由於鬱金香的形體較長,當好幾朵鬱金香聚集在一起時,視覺上更為優美。因此,建議組合成滿版盛開型或者小圓頂型,會比花環型及半月型更美麗動人。
· 進行擠花組合時,可利用不同生長階段的鬱金香(如:含苞待放的、微微盛開的)來交錯搭配。
· 花葉和花瓣一樣,都是用 Olli 花嘴擠製,甚至可以擠出稍微往內凹的花葉。
· 隨著花朵品種的不同,有些奶油霜擠花的顏色要盡量接近實體鮮花的色澤,有些則可以自由發揮。而像鬱金香這種以粉紅色與黃色品種為最具代表性的花,則建議按照鮮花的粉紅色與黃色來製作。

❀
Calla
海芋

記得有段時期流行過海芋捧花，高貴優雅的白色海芋捧花，和新娘的白紗禮服十分相襯，尤其是身材高挑纖瘦的新娘，如果拿著這束捧花，就會顯得格外高雅。其實海芋不是只有我們熟悉的白色品種，還有黃色、粉紅色等各種顏色，這次我是以酒紅色（Burgundy）來製作，剛好可以與其他橘色花朵搭配。相較於純潔的白色海芋，酒紅色更顯得熱情奔放，是非常具有炎夏氣息的花朵。

| main flower 主要花朵 · 海芋 | tips 使用花嘴 · 花瓣 104 號 花蕊 2 號 | colors 使用色膏 · 花瓣 ●● (Red-Red 7 : Burgundy 3) 花瓣漸層 ●● (Violet 7 : Burgundy 3) | direction 花釘轉動方向 · 逆時針方向 ↺ |

海芋擠法

1. 取惠爾通104號花嘴，手握擠花袋，與花釘表面呈垂直。

2. 從花釘邊緣處往中央擠出一個扁平形的花朵底座。

3. 將花嘴較寬的那一頭靠在花朵底座中央，擠出一片花瓣。

4. 擠花瓣時，花嘴以順時針
方向轉動，擠出圓弧狀。

5. 擠出花瓣的左半邊後，到
末端處先暫停。

6. 接著再從花瓣末端往中央
擠出右半邊花瓣。

7. 花瓣下方靠近底座中央的
位置要呈圓形，末端則呈
尖角。

8. 取惠爾通2號花嘴，擠上花
蕊即可收尾。

9. 製作完成的海芋成品。

· KEY POINT ·

擠海芋花瓣時，要從 A 點擠到 B 點，以
畫音符的手勢擠出奶油霜。

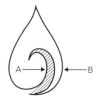

在擠 A 部位時，花嘴角度要比擠 B 部位時
來得豎直一些，讓 A 與 B 之間產生空隙。

海芋組合
ARRANGE

———

鬱金香

海芋

陸蓮花

球形陸蓮花

flowers – 海芋、球形陸蓮花、陸蓮花、鬱金香
arrange style – 延伸半月型

·

1. 將海芋、球型陸蓮花、陸蓮花、鬱金香依序由前往後擺放於蛋糕表面。**2.** 雖然海芋的
體型比陸蓮花小，但是先將海芋放在蛋糕表面，整體看起來會更簡約大方。**3.** 接著放上預
先擠好的花葉。**4.** 取惠爾通 3 號花嘴，直接擠上花苞即可收尾。

advice

· 海芋的花瓣較薄，像捲紙一樣向內捲曲，因此，擠花時也要盡量豎起花嘴的角度，將花
　瓣邊緣擠成往內捲的形態。
· 通常半月型組合只會裝飾蛋糕表面約 1/4 的面積，但是使用海芋組合時，記得在左右兩
　側多加上幾朵花，以增加組合的豐富度，像是將兩個新月形接在一起。在蛋糕表面以對
　角線設定兩個基準點，並在其中一個基準點上擺放較多花朵，使其更有分量感。

❀ Gardenia
梔子花

我對於研究配色有著濃厚興趣,所以經常會翻閱雜誌蒐集靈感。梔子花也是在咖啡廳裡吃點心翻閱雜誌時,偶然看見的花朵。雖然基本外型和玫瑰花相似,但是花瓣末端稍尖,這點令我印象非常深刻。當時我因為不曉得這朵花叫什麼名字,還拍照傳給朋友詢問花名,最後才得知原來是梔子花,就連名字都好有氣質。會指定用梔子花做擠花蛋糕的顧客,往往也是因為這朵花和某一段特殊回憶或故事有關。

main flower 主要花朵	tips 使用花嘴	colors 使用色膏	direction 花釘轉動方向
· 梔子花	· 花瓣 104 號	· 花瓣 ◯ (White)	· 逆時針方向

梔子花擠法

1. 取惠爾通104號花嘴,手握擠花袋,與花釘表面呈垂直。

2. 在花釘表面擠出3公釐厚的圓盤形,作為花朵底座。

3. 將花嘴較寬的那一頭靠在花朵底座中央,擠出第一片花瓣。

4. 花瓣形狀如葉片，左右圓潤，末端尖挺。

5. 總共擠出5片後，第一層花瓣便完成。

6. 第二層的第一片花瓣也是從花朵底座中央開始擠出。

7. 擠第二層花瓣時，要稍微豎直花嘴角度，並擠出較小的花瓣。

8. 愈上層的花瓣愈不用明顯分層，以螺旋狀擠出一片又一片的花瓣即可。

9. 製作完成的梔子花成品。

KEY POINT

錯誤示範　　正確示範

花瓣要擠成帶有波紋的扁葉形。

錯誤示範　　正確示範

花朵中央要呈螺旋狀，花瓣之間緊緊相扣。

梔子花組合
ARRANGE
———

flowers – 梔子花
arrange style – 花環型
·

1. 沿著蛋糕表面邊緣，設定 3 個基準點，但是注意不要變成正三角形。2. 將 3 ~ 4 朵梔子花湊成一組，總共 3 組，分別擺放在 3 個基準點上。3. 進行步驟 2 時，花的方向以及花朵大小可以稍有不同。4. 以先組好骨架再填補血肉的概念，一朵一朵放上體積較小的梔子花。5. 雖然是花環型的組合方式，但是在花朵與花朵之間，要留下一點空隙。6. 將預先擠好的花葉裝飾上去。

advice

· 在不影響形狀的前提下，為花瓣製造出波紋，自然呈現。
· 由於是沒有混入其他顏色的純白花朵，可以使用彩度較低的墨綠色來製作花葉，突顯花朵的潔白。
· 用來為蛋糕抹面的奶油霜可使用中間彩度的杏色，讓花朵顯得更高貴優雅。
· 雖然這是一款寬度不一的花環型組合，依舊要維持整體平衡感與協調感。

❀
Opium Poppy
罌粟花

我曾經花好長一段時間觀察罌粟花從含苞待放到完全盛開的狀態。當時看著它從布滿細毛的花苞裡長出薄如紙張的花瓣，像破繭而出的蝴蝶，感覺充滿能量，十分神奇。直到花苞乾枯、花瓣掉落，只剩下花蕊為止，我親眼目睹著這一切花開花落的過程。建議各位如果想製作某一種花朵，不妨像我這樣長時間觀察該朵花的每一個生長階段，相信會有很大幫助。

main flower 主要花朵 • 罌粟花	tips 使用花嘴 •	colors 使用色膏	direction 花釘轉動方向 • 逆時針方向
	花瓣 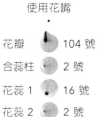 104 號 合蕊柱 2 號 花蕊 1 16 號 花蕊 2 2 號	花瓣 (Lemon Yellow 3 : Golden Yellow 7) 花瓣漸層 (Lemon Yellow 7 : Golden Yellow 3) 合蕊柱、花蕊 1 (Lemon Yellow) 花蕊 2 ● (Brown)	

罌粟花擠法

1. 取惠爾通104號花嘴，手握擠花袋，與花釘表面呈垂直。

2. 在花釘表面擠出3～5公釐厚的圓盤形，作為花朵底座。

3. 將花嘴較寬的那一頭靠在花朵底座中央，擠出第一片花瓣。

4. 擠花瓣時，要在花瓣中加入細微的波紋。

5. 波紋要擠得不規則才自然。

6. 共擠出5片花瓣後，第一層花瓣便完成。

7. 第二層的第一片花瓣，同樣從花朵中央開始擠出。

8. 擠第二層花瓣時，花嘴角度要稍微豎直，並擠出較小的花瓣。

9. 取惠爾通2號花嘴，沿著花瓣由中央向外擠出合蕊柱。

10. 取惠爾通2號花嘴，擠出棕色圓滾的花蕊2。

11. 取惠爾通16號花嘴，在花朵正中央擠上一顆星星（花蕊1），在每一根合蕊柱末端也都擠上一顆星星。

12. 製作完成的罌粟花成品。

罌粟花組合
ARRANGE

———

flowers – 罌粟花
arrange style – 花環型

•

1. 將蛋糕體抹面整平。**2.** 蛋糕表面與側面的銜接處也要用抹刀整理平順。**3.** 取惠爾通 3 號花嘴，在蛋糕側面畫上花梗。**4.** 先擺上體積較大的花朵，抓好整體重心，再依序擺上較小的花朵。**5.** 此時，花的方向要稍微調整成不同角度。**6.** 體積較小、花瓣較薄的花朵，可以用來裝飾蛋糕的側面。**7.** 利用花剪將預先擠好的花葉移放至蛋糕表面。

advice

· 罌粟花的花瓣宛如稍微帶有波紋和褶痕的銀蓮花花瓣，呈愛心形。
· 分為 4 個階段擠成的花蕊，是罌粟花的一大特色，比起花瓣，花蕊的呈現更為重要。
· 先用深色的花朵營造出整體協調感，再以花色由深至淺的順序進行擠花組合。

❀
Sunflower

向日葵

拜向日葵的花語「只愛慕你一人」所賜，每年都總有很多製作這朵花的機會。由於向日葵的花型較大，顏色也十分鮮明，比較不容易與其他花朵搭配，所以通常會單獨以向日葵進行組合，或者頂多使用顏色相近的菊花、金槌花等組合呈現。書中這款蛋糕，是我看到梵谷的知名畫作〈向日葵〉後，試著將畫作挪移至蛋糕上所展現的成果，不僅花瓣擠得比較有粗獷感，蛋糕抹面也刻意模仿了梵谷作畫的筆觸。

main flower 主要花朵 · 向日葵	tips 使用花嘴 ·	colors 使用色膏	direction 花釘轉動方向 · 逆時針方向
	花瓣　104 號 葵花籽　16 號 花蕊　2 號	花瓣 (Lemon Yellow 7 : Golden Yellow 3) 葵花籽 ●● (Brown 8 : Black 2) 花蕊　(Lemon Yellow)	

向日葵擠法

1. 在花釘表面擠出3～5公釐厚的圓盤形，作為花朵底座。

2. 在花朵底座上擠出一片葉形花瓣，左右圓潤，末端尖挺。

3. 花瓣要以順時針方向一片接著一片擠，花嘴貼在上一片花瓣右側，擠出下一片花瓣。

4. 完成第一層花瓣時，中間要記得預留一個圓形空隙。

5. 第二層花瓣要從稍微靠近中央的位置開始擠出。

6. 由上往下俯瞰時，第二層花瓣要比第一層花瓣的輪廓小。

7. 取惠爾通16號花嘴，於花朵中央預留的圓形空間擠上棕色奶油霜，將空間填滿，並用花嘴點壓，做出葵花籽的效果。

8. 取惠爾通2號花嘴，手握擠花袋，在葵花籽上擠出一顆顆小而圓的黃色花蕊。

9. 製作完成的向日葵成品。

KEY POINT

花瓣的末端要是尖尖的，但整片花瓣不要擠成細長形。

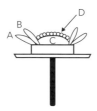

擠好第一層花瓣 A 以及第二層花瓣 B 之後，在花朵中央的圓形空洞擠一座微微隆起的圓弧形小山 C，作為葵花籽的部分。然後再取惠爾通 16 號花嘴，擠上花蕊 D。

向日葵組合
ARRANGE

——

flowers – 向日葵　　　　**arrange style** – 延伸半月型

1. 如果想用較多的花裝飾蛋糕，可先在蛋糕表面擠一座新月形奶油山。反之，則可直接將花朵排列組合成新月形。**2**. 花朵由前往後依序擺上。**3**. 只以一種花朵組合時，建議先將之後要用作增添分量感與立體感的花朵另外挑選出來，花朵要有大有小。**4**. 半月型組合通常只佔蛋糕表面 1/4 左右的範圍，但是以向日葵組合時，可將重心放在左上方與右下方兩處。在基本半月型組合的對角，也就是蛋糕表面右下方放上一朵最大的向日葵，維持視覺上的平衡。**5**. 建議使用不同生長階段的向日葵，不論是含苞待放、盛開，還是花瓣已凋謝只剩下葵花籽的狀態，都可以混合搭配。**6**. 最後放上花葉即可收尾。

advice

· 向日葵有兩種組合方式，可直接在蛋糕表面上擠製，也可預先擠好再挪放到蛋糕上。
· 由於向日葵的花瓣大又薄，較難在花釘上製作，需要將烤盤紙剪成適當大小，在紙上擠花，完成後冷藏定型再使用。
· 如果想直接在蛋糕表面擠出向日葵，可先設定好花朵位置，再擠上奶油霜底座，進行起來會更順利。
· 以白色奶油霜在蛋糕表面標記出花朵位置，再開始擠花。
· 花瓣部分，建議將檸檬黃（Lemon Yellow）與金黃色（Golden Yellow）或凱莉綠（Kelly Green）混色，色澤會更漂亮。
· 蛋糕體表面的奶油霜起先可以抹厚一點，再使用色膏抹刀畫出粗糙感。

✿ Protea

海神花

或許有人是第一次聽聞這種花,雖然近年來海神花的使用率已經比以往高出許多,但依舊不那麼被大眾所熟知。海神花不僅花型大,模樣也很奇特,從側面看上去,宛如小鳥的羽毛。如果與其他花葉或素材搭配得宜,能創造出充滿獨特感的花束。最近甚至發現,有些手工捧花業者也會使用海神花製作捧花。雖然以奶油霜擠這朵花並不容易,可是若成功擠出並用於蛋糕裝飾,就會創造出特殊出眾的作品,成就感自然也非同小可。

main flower 主要花朵 · 海神花	tips 使用花嘴 ·	colors 使用色膏 ·	direction 花釘轉動方向 · 順時針方向
	花朵底座 3 號	花朵底座 ○ (White)	
	花蕊 2 號	花蕊 ●● (Brown 7 : Black 3)	
	花瓣 Olli 花嘴	花瓣 ●● (Red Red 6 : Golden Yellow 3 : Brown 1)	

海神花擠法

1. 取惠爾通 3 號花嘴,手握擠花袋,與花釘表面呈垂直。

2. 在花釘表面擠上一顆圓球形,作為花朵底座。

3. 取惠爾通 2 號花嘴,從圓球形底座側面的中間高度位置擠出花蕊。

4. 花蕊要往底座的頂端擠，由外而內擠出一條條線。

5. 布滿在圓球形底座頂端的花蕊要全部聚攏。

6. 取Olli花嘴，從圓形球體底座側面的中間高度位置，擠出花瓣。

7. 花瓣要由下往上擠出，花嘴角度則是從9點鐘往12點鐘方向移動。

8. 擠花瓣時，要擠得比底座高。

9. 擠第二層花瓣時，要從稍微低於第一層花瓣的位置擠出。

10. 擠出一圈花瓣後，第二層花瓣便完成，可以自行決定是否需要以同樣方式擠出第三層花瓣。

11. 花瓣的部分如果用兩種顏色加入漸層效果，會更華麗。

12. 製作完成的海神花成品。

海神花組合
ARRANGE
—

flowers – 海神花
arrange style – 延伸半月型

·

1. 如果想用較多花朵裝飾蛋糕，可先在蛋糕表面擠上一座新月形奶油山。反之，則直接將花朵排列組合成新月形即可。2. 先將體型最大的花朵放在新月形中央最厚的部位，作為基準點。周圍都擺好花朵，再設定第二、第三個基準點來擺放花朵。3. 進行花朵組合時，建議使用各種生長階段的花朵，不論是含苞待放或完全盛開的，大小、方向要參差錯落。4. 將花朵高低與所占面積做出一些變化，跳脫傳統的半月型組合框架。5. 將顏色較深的海神花擺在新月形中間最厚的部位，可以強調出整體組合的重點。6. 在新月形上頭加入一些體積較小的素材點綴，並調整其豐厚度。7. 最後放上花葉即可收尾。

advice

· 海神花是屬於體型非常大，得使用許多奶油霜的花朵。如果擔心只用奶油霜製作，吃起來會有負擔，也可改用圓形巧克力球置於花朵內作為底座。

✿ Succulent plant

多肉植物

在杯子蛋糕表面擠上多肉植物或仙人掌造型的奶油霜，會很像真實的仙人掌盆栽，看上去十分可愛。但是由於使用的顏色多為冷色調，諸如墨綠色或青綠色、灰色等，所以不太容易激起食慾，頂多只會得到「哇！跟真的一模一樣耶！」「好像真的仙人掌喔！」這樣的回應。如果旁邊同時擺了一盤橘紅色的擠花蛋糕，叉子肯定會自動朝向那盤蛋糕。不過，如果是要做來送人，絕對會是非常有趣新奇的禮物，因為外型雖然看上去是仙人掌、多肉植物，吃起來卻是柔和香甜的奶油霜。

| main flower 主要花朵 · 多肉植物 | tips 使用花嘴 · 葉片 104 號 | colors 使用色膏 · 葉片 ●● (Lemon Yellow 5 : Moss Green 3 : Violet 2) 葉片漸層 ●●● (Violet 5 : Burgundy 3 : Moss Green 2) | direction 花釘轉動方向 · 逆時針方向 |

① **②**

多肉植物❶擠法

1. 將漸層色放在花嘴較扁的那一側，使擠花袋裡同時有兩種顏色。

2. 在花釘表面擠出3～5公釐厚的圓盤形，作為花朵底座，然後再將花嘴較寬的那一頭靠在底座中央，擠出第一片葉片。

3. 擠葉片時，左右兩側要圓潤，末端稍尖。

4. 葉片要以順時針方向一片片擠出（花針以逆時針方向轉動），花嘴口要貼在上一片葉片右側邊緣，擠出下一片。

5. 總共擠出7片葉子，第一層植物葉便完成。

6. 第二層的第一片葉片同樣從中央開始擠出。

7. 擠第二層葉片時，要稍微豎起花嘴角度，也要擠得比第一層小。

8. 可以視需求擠上第三層葉片。

9. 製作完成的多肉植物❶。

KEY POINT

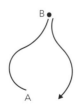

擠葉片時，從 A 點擠到 B 點後要暫停一下，再以畫 S 形的手勢從 B 點往下擠出另外半邊的葉片。

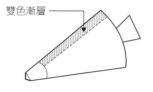

雙色漸層

在擠花袋的一側填入其他顏色的奶油霜，製造出雙色漸層色的效果。

多肉植物❷擠法

1. 手握擠花袋，與花釘表面呈垂直。

2. 在花釘表面擠出一個圓錐形，作為底座。

3. 將花嘴口較寬的那一頭靠在底座的頂端，擠出第一片葉片。

4. 擠葉片時，花嘴要向上拉出，並將角度稍微往後傾，擠成三角形。

5. 按照第一片葉片的擠法，擠出共3片葉片。

6. 葉片以順時針方向一一擠出（花針以逆時針方向轉動）。

7. 擠好第一層，再從稍微低於第一層的位置擠出第二層葉片。

8. 依序將下方的葉子都擠好，即完成。

9. 製作完成的多肉植物❷。

多肉植物組合
ARRANGE
—

多肉植物 ❶

多肉植物 ❷

flowers – 多肉植物、仙人掌
arrange style – 杯子蛋糕

·

1. 以料理用剪刀將杯子蛋糕表面修剪整齊。 2. 杯子蛋糕以白色奶油霜抹面。 3. 從預先擠好的多肉植物與仙人掌中，選出體型較大的款式，擺放在杯子蛋糕表面。 4. 最多放上 3 棵左右的多肉植物，要緊緊相黏，避免滑落。 5. 擺放完 3 棵多肉植物，再以小素材點綴裝飾。

advice

· 製作帶有綠色與深紅色的多肉植物，可以將奶油霜進行混色，擠出更為生動逼真的作品。可以先擠完一種顏色的奶油霜，再放入其他顏色，連續使用兩種不同顏色。也可以在同一個擠花袋裡，分成兩側同時填入兩種顏色，製造出雙色漸層效果。

· 由於多肉植物是沒有花葉的素材，組合時，要注意避免留下太多擠花剪的印痕。

正統韓式擠花裝飾技法聖經：

40款奶油霜花型×40種組合設計＝蛋糕工藝全面進化

原　　　書／올리케이크의 버터크림 플라워
作　　　者／宋慧賢（송혜현）
攝　　　影／鄭世權（정세권）
譯　　　者／尹嘉玄
企 畫 選 書／陳思帆
責 任 編 輯／陳思帆

版　　　權／翁靜如
行 銷 業 務／李衍逸、黃崇華
總　編　輯／楊如玉
總　經　理／彭之琬
發　行　人／何飛鵬
法 律 顧 問／元禾法律事務所 王子文律師
出　　　版／商周出版
　　　　　　城邦文化事業股份有限公司
　　　　　　台北市中山區民生東路二段141號9樓
　　　　　　電話：(02) 2500-7008　　傳真：(02) 2500-7759
　　　　　　E-mail：bwp.service@cite.com.tw
發　　　行／英屬蓋曼群島商家庭傳媒股份有限公司城邦分公司
　　　　　　台北市中山區民生東路二段141號2樓
　　　　　　書虫客服服務專線：02-25007718・02-25007719
　　　　　　服務時間：週一至週五09:30-12:00・13:30-17:00
　　　　　　24小時傳真服務：02-25001990・02-25001991
　　　　　　郵撥帳號：19863813　　戶名：書虫股份有限公司
　　　　　　讀者服務信箱：service@readingclub.com.tw
　　　　　　歡迎光臨城邦讀書花園　　網址：www.cite.com.tw
香港發行所／城邦（香港）出版集團有限公司
　　　　　　香港灣仔駱克道193號東超商業中心1樓
　　　　　　Email：hkcite@biznetvigator.com
　　　　　　電話：(852) 25086231　　傳真：(852) 25789337
馬新發行所／城邦（馬新）出版集團　Cite (M) Sdn. Bhd.
　　　　　　41, Jalan Radin Anum, Bandar Baru Sri Petaling, 57000 Kuala Lumpur, Malaysia
　　　　　　電話：(603) 90578822　　傳真：(603) 90576622

封 面 設 計／黃聖文
排　　　版／隨走自由設計
印　　　刷／高典印刷有限公司
經　銷　商／聯合發行股份有限公司
　　　　　　電話：(02)2917-8022　　傳真：(02)2911-0053
　　　　　　地址：新北市231新店區寶橋路235巷6弄6號2樓

國家圖書館出版品預行編目資料

正統韓式擠花裝飾技法聖經：40款奶油霜花型×40種組合設計＝蛋糕工藝全面進化／宋慧賢,鄭世權著；尹嘉玄譯. -- 初版. -- 臺北市：商周,城邦文化出版：家庭傳媒城邦分公司發行,民106.12
　　面；　公分. --
ISBN 978-986-477-357-2（精裝）

1.點心食譜
427.16　　　　　　106020923

2017年12月7日初版
2022年8月4日初版4.3刷
定價／750元

Printed in Taiwan

城邦讀書花園
www.cite.com.tw